ISW Forschung und Praxis

Berichte aus dem Institut für Steuerungstechnik
der Werkzeugmaschinen und Fertigungseinrichtungen
der Universität Stuttgart

Herausgeber: Prof. Dr.-Ing. G. Pritschow

Band 73

Wolfgang Schmidt

Grafikunterstütztes Simulationssystem für komplexe Bearbeitungsvorgänge in numerischen Steuerungen

Springer-Verlag
Berlin Heidelberg New York
London Paris Tokyo 1988

D 93

Mit 61 Abbildungen

ISBN-13: 978-3-540-19159-9 e-ISBN-13: 978-3-642-48225-0
DOI: 10.1007/978-3-642-48225-0

2362/3020-543210

Inhaltsverzeichnis

Abkürzungen, Begriffe und Kurzdefinitionen

AV	Arbeitsvorbereitung
BR	Boundary Representation
BSP	Binary Space Partition
CAD	Computer Aided Design
CSG	Constructive Solid Geometry
0D	nulldimensional
1D	eindimensional
2D	zweidimensional
3D	dreidimensional
DNC	Direct Numerical Control
EBNF	Erweiterte Backus-Naur-Form
GSB	Grafikunterstütztes Simulationssystem für Bearbeitungsvorgänge
HHG	Handhabungsgerät
NC	Numerical Control
NS	National Semiconductor (Firmenname)
Pixel	Picture Element. Bildschirmpunkt bei Rasterbildschirmen
Ray casting	imaginärer Strahl durch einen Bildschirmpunkt
Scan line	Bildschirmzeile
SPS	Speicherprogrammierbare Steuerung
WZM	Werkzeugmaschine

Symbole und Bezeichnungen

Die im Text erläuterten und nur lokal verwandten Größen sind hier nicht aufgeführt.

B	Abkürzung von BACK_TN
BACK_LIST	Liste, in der sich VP_i befinden, die hinter TR_i liegen
BACK_TN	Adreßzeiger auf Unterbaum, der vor TR_i liegt
BK	Basiskörper
BW_i	Bewegungseinheit
C_i	Gerade von CP_i
CP_i	Klippolygon
F	Abkürzung von FRONT_TN
FRONT_LIST	Liste, in der sich VP_i befinden, die vor TR_i liegen
FRONT_TN	Adreßzeiger auf Unterbaum, der hinter TR_i liegt
Ki	Schnittstelle zum GSB
K_{iA}	Punkt außerhalb von CP_i
K_{iN}	Punkt noch nicht bearbeitet bzw. liegt innerhalb von CP_i
K_LIST	Liste, in der sich Polygone R_{iA} befinden
KN_i	aktueller Knoten
PEQ	Flächengleichung
R_i	Knotenpolygone
R_{iA}	aktualisierte Knotenpolygone
S_{iA}	Schnittpunkt auf C_i, die in R_i eindringt
S_{iE}	Schnittpunkt auf C_i, die R_i verläßt
T_{Ci}	Teilungsebene von CP_i
TK_{iH}	Teilkörper, der hinter T_{Ri} liegt
TK_{iV}	Teilkörper, der vor T_{Ri} liegt
T_{Ri}	Teilungsebene von R_i
VK	Verknüpfungskörper
VP_i	Polygone des Verknüpfungskörpers
W_B	Wurzel des Basiskörpers

Mehrfach verwendete Indizes

i	Zählvariable, Nummer von Zeigern und Punkten, Spaltenindex
j	Zählvariable, Zeilenindex
k	Zählvariable
l	Zählvariable
m	Zählvariable
n	Zählvariable
x	in x-Richtung
y	in y-Richtung
z	in z-Richtung

Einheiten

bit	binary digit
s	Sekunde

1 Einleitung

Durch die Fortschritte in der Halbleitertechnik und die gleichzeitige Verbesserung des Preis-Leistungsverhältnisses bei elektronischen Bauelementen konnten in den letzten Jahren verstärkt numerisch gesteuerte Werkzeugmaschinen (WZM) in der Fertigung eingesetzt werden /1/. Eine Voraussetzung für den wirtschaftlichen Einsatz ist die rechtzeitige Bereitstellung von fehlerfreien und optimierten NC-Programmen /2/. Unter einem NC-Programm werden allgemein NC-Steuerdaten verstanden, die von einer numerischen Steuerung (NC) interpretiert und in elektrische Signale zur Ansteuerung von Antrieben und Stellgliedern einer WZM umgewandelt werden. Trotz der Verfügbarkeit von leistungsfähigen Bearbeitungszyklen und mathematischen Hilfsmitteln /3,4/ sowie rechnergeführten Dialogen mit Grafikunterstützung in NC-Programmiersystemen /5/ sind Fehler bei der Erstellung von NC-Programmen nicht auszuschließen. Ein Austesten der NC-Programme auf der WZM ist unvermeidbar.

Die Verifikation von komplexen NC-Programmen kann ein Vielfaches der eigentlichen Programmierzeit betragen. Obwohl formale Programmierfehler von modernen NC automatisch erkannt werden, ohne die WZM in Betrieb zu nehmen /6/, sind im Gegensatz dazu logische Fehler im allgemeinen schwierig und nur durch wiederholte Testläufe auf der WZM zu ermitteln. Um die Erstellung von NC-Programmen effizient und damit wirtschaftlich zu gestalten, sind wirksame Testhilfsmittel zur Verfügung zu stellen, die die Anzahl unproduktiver Testläufe auf ein Minimum reduzieren.

Ein mögliches und derzeit auch in verstärktem Maße eingesetztes Testhilfsmittel ist ein Grafikunterstütztes Simulationssystem für Bearbeitungsvorgänge (GSB), mit dem ein NC-Programm auf logische Fehler überprüft werden kann /7,8/ (Bild 1.1).

Die Steueranweisungen einer NC werden von einem GSB direkt in grafische Anweisungen umgesetzt, so daß am Bildschirm einer-

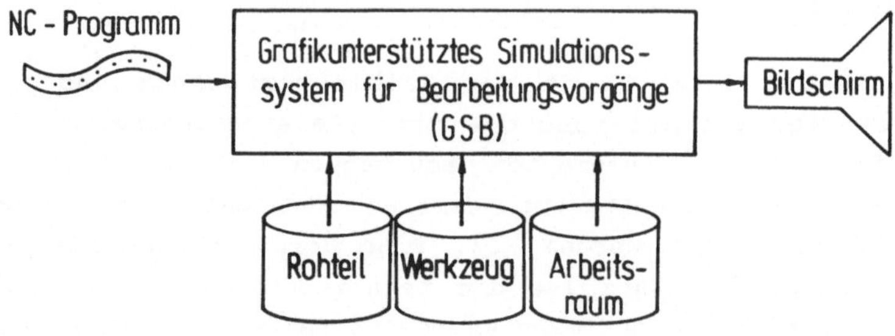

Bild 1.1: Grobes Blockschaltbild eines GSB

seits die Bewegungen des Werkzeugs, andererseits auch die Abspanung am Werkstück beobachtet werden kann. Ist das NC-Programm abgearbeitet, so können durch einen Vergleich zwischen dem am Bildschirm und dem auf der Werkstattzeichnung dargestellten Werkstück Programmierfehler erkannt und ggfs. korrigiert werden. Durch die Darstellung kollisionsgefährdeter Teile im Arbeitsraum einer WZM wird zusätzlich eine Kollisionskontrolle ermöglicht.

Eine Analyse der für den Werkstattbereich verfügbaren GSB hinsichtlich ihrer Anwendungsbreite zeigt, daß komplexe Bearbeitungsverfahren derzeit nicht bzw. nur eingeschränkt simuliert werden können /7,9/. Unter komplexen Bearbeitungsverfahren sollen in dieser Arbeit Verfahren verstanden werden, die bei einer Simulation nicht effizient durch eine 2D-Ansicht am Bildschirm darstellbar sind. Zu nennen sind hier z.B. die fünfachsige sowie die Mehrseitenbearbeitung. Ziel der Arbeit ist es, geeignete Strukturen und Algorithmen für ein entsprechendes GSB zu entwickeln unter der besonderen Berücksichtigung der Forderung, daß dieses System in eine NC integrierbar sein sollte. Die NC bildet somit die programm- und gerätetechnischen Randbedingungen für die Simulation.

2 Analyse der Aufgaben eines Simulationssystems

Zunächst sollen die Aufgaben eines GSB untersucht und hinsichtlich ihrer Notwendigkeit bewertet werden.

2.1 Simulationsaufgaben

Das Ziel einer Simulation besteht darin, den NC-Programmierer bzw. das Bedienpersonal einer WZM optimal bei der Überwachung der in Bild 2.1 dargestellten Aspekte zu unterstützen.

In dieser Arbeit soll auf die Technologiekontrolle nicht näher eingegangen werden, weil die Algorithmen hierfür z.B. in /10/ untersucht und in ersten Ansätzen in der NC realisiert sind. Im Vordergrund der Betrachtung stehen vielmehr die Überwachungsaspekte, die anhand einer grafischen Darstellung bewertbar sind.

Ziele	Überwachungsaspekte	Ergebnisdarstellung bei einer Simulation	
		grafisch	alphanumerisch
- Erhöhung der Produktivität durch Verkürzung der Inbetriebnahmezeit neuer NC-Programme - Ausschließen von Personen- und Sachschäden während der Inbetriebnahme - Abbau von psychologischen Belastungen des Bedienpersonals vor dem ersten Testlauf auf der Werkzeugmaschine - Kein Ausschuß bzw. Nachbearbeiten des Testwerkstücks	- Kollision	X	X
	- Werkstückgeometrie • Formfehler	X	
	• Maßfehler		X
	- Bearbeitungsablauf	X	
	- Technologie • Überwachung von maschinen-, werkzeug- und werkstückspezifischen Grenzwerten, z.B. Antriebsleistung und Schnittgeschwindigkeit		X
	• Überprüfung auf Plausibilität von Maschinenfunktionen		X

Bild 2.1: Überwachungsaspekte bei der Inbetriebnahme eines NC-Programms

Aus den in Bild 2.1 aufgeführten Aspekten lassen sich Aufgaben ableiten, die den in Bild 2.2 dargestellten Phasen zugeordnet werden können.

In der Vorbereitungsphase sind Informationen, die nicht aus dem NC-Programm entschlüsselt werden können, über geeignete Kommunikationsschnittstellen in die NC einzugeben. Hierzu gehören z.B. die Geometriebeschreibung des Rohteils oder des Arbeitsraums einer WZM. Die Simulationsphase beginnt mit der Abarbeitung des NC-Programms durch die NC. Die von der NC erzeugten Steueranweisungen, die bei einer Werkstückbearbeitung auf die Antriebe und Stellglieder einer WZM ausgegeben werden, sind bei der Simulation von einem GSB in grafische Anweisungen umzusetzen und am Bildschirm auszugeben. Voraussetzung für die Darstellung des Bearbeitungsvorgangs ist also die Nachbildung

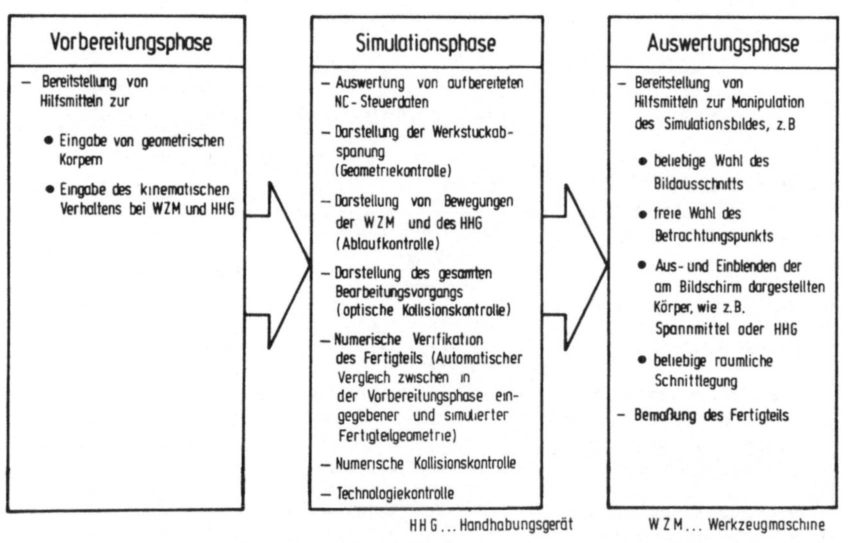

Bild 2.2: Phasen einer Simulation

der Achsen und Stellglieder einer WZM im Rechner. Während bzw. nach der Simulationsphase erfolgt die Auswertung des am Bildschirm dargestellten Simulationsergebnisses. Werden Programmierfehler erkannt, so ist nach der Korrektur des NC-Programms ein erneuter Simulationslauf erforderlich.

Die Eingabe von Informationen in der Vorbereitungsphase sowie die Darstellung des Simulationsergebnisses beeinflussen wesentlich die Akzeptanz eines GSB. Diese zwei Aspekte sind daher näher zu betrachten.

2.1.1 Eingabe von Arbeitsweltdaten

Voraussetzung für eine Simulation ist zunächst die Bereitstellung von relevanten Informationen, die einen Bearbeitungsvorgang charakterisieren. Der Bearbeitungsvorgang ist durch die Arbeitswelt /11/ und die für die Bearbeitung eines Werkstücks erforderlichen NC-Steuerdaten beschreibbar (Bild 2.3).

Die Arbeitswelt setzt sich aus geometrischen Körpern zusammen, deren Freiheitsgrade in der Bewegung durch die Kinematik von WZM und integrierten Handhabungsgeräten (HHG) gegeben sind.

Es kann vorausgesetzt werden, daß die Arbeitsweltdaten auf Datenträgern in Form

- einer Skizze,
- einer Werkstattzeichnung oder
- maschinenlesbarer Daten

vorliegen. Im letzten Fall entsteht für den Benutzer eines GSB kein Eingabeaufwand, weil eine Automatisierung der Dateneingabe durch den Einsatz von Rechnern möglich ist.

Die Arbeitsweltdaten können an unterschiedlichen Stellen für eine Simulation zur Verfügung gestellt werden (Bild 2.4). Die Frage, welche Daten von welchen in Bild 2.4 gezeigten Rechnersystemen vorzugsweise erzeugt werden, läßt sich am besten

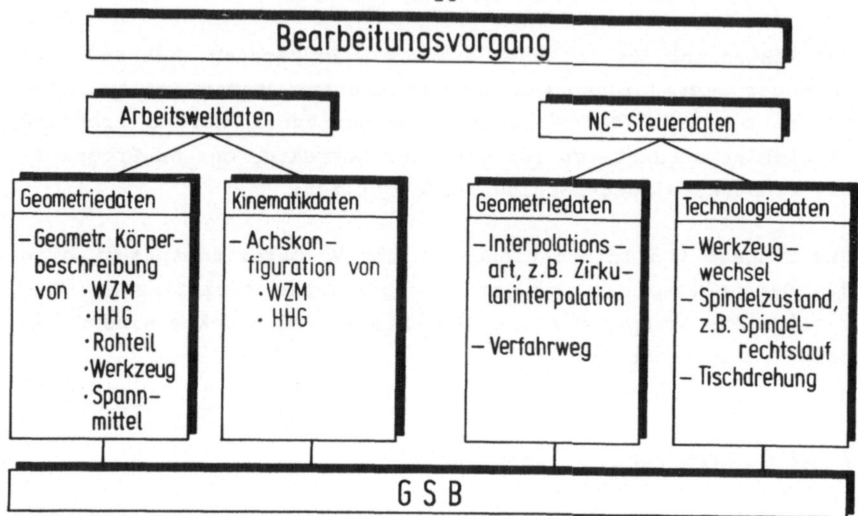

Bild 2.3: Relevanter Informationsgehalt für ein GSB

durch die Klassifikation der geometrischen Körper in

- maschinenabhängige und
- bearbeitungsabhängige

Daten beantworten.

Die Eingabe von maschinenabhängigen Daten stellt einen einmaligen Vorgang dar, da sich diese nach der Inbetriebnahme einer WZM nicht mehr verändern. Dazu zählen Daten, die die Geometrie von WZM und HHG sowie deren kinematisches Verhalten beschreiben. Die Eingabe kann sinnvollerweise durch den Maschinenhersteller erfolgen. Auf einem, von dem Steuerungshersteller zur Verfügung gestellten Projektierplatz /12/ ist der Maschinenhersteller in der Lage, diese maschinenabhängigen Arbeitsweltdaten im Speicher einer NC abzulegen. Da die meisten Werkzeuge und Spannmittel auf Standardformen zurückführbar sind, können sie ebenso auf dem Projektierplatz beschrieben werden.

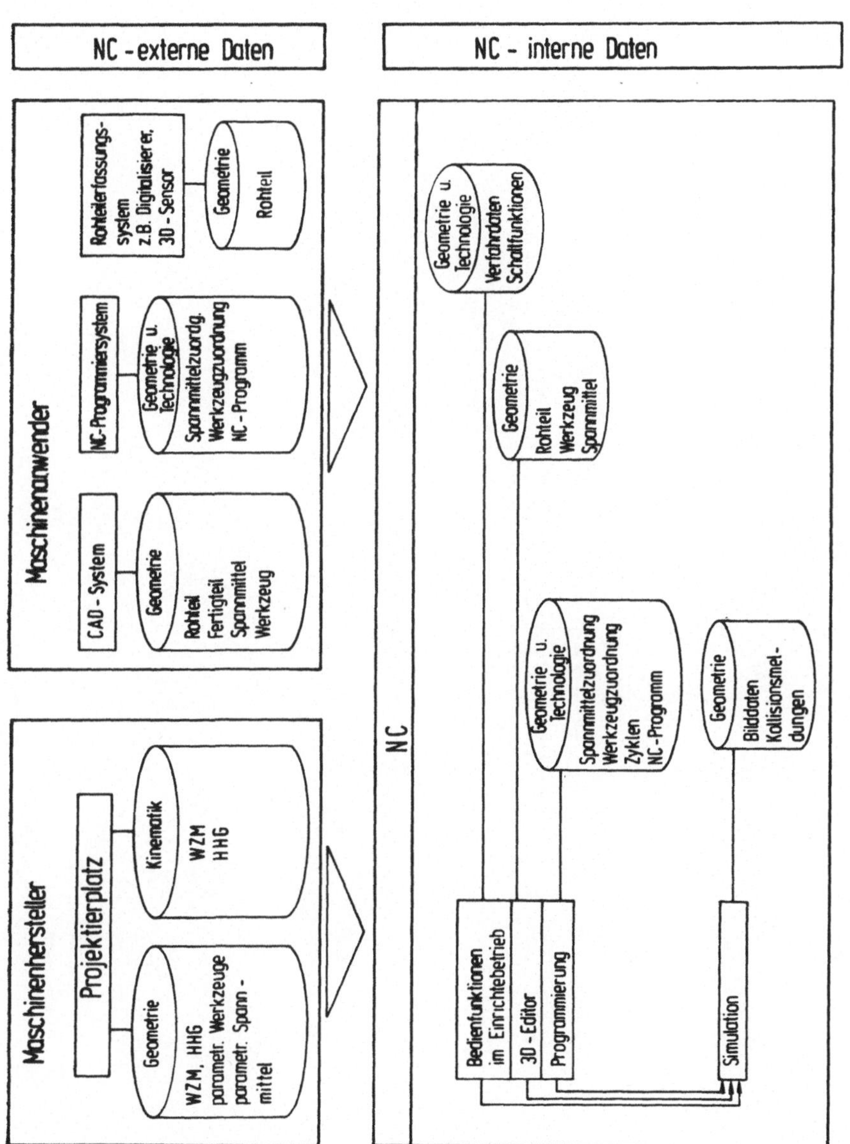

<u>Bild 2.4</u>: Bereitstellung von Arbeitsweltdaten

2.1.2 Darstellung des Bearbeitungsvorgangs

In Verbindung mit den im Datenspeicher einer NC vorliegenden Arbeitsweltdaten läßt sich der Bearbeitungsvorgang am Bildschirm grafisch wiedergeben (vgl. Bild 1.1). Die Darstellung des Bearbeitungsvorgangs wird durch

- das Simulationsprinzip und
- die Darstellungsform der geometrischen Körper der Arbeitswelt

bestimmt (Bild 2.5).

	Darstellungsmöglichkeit / Kriterium	Simulationsprinzip					Darstellungsform von Elementen					
							Projektionsart		Flächendarstellungsart			
		stetig	quasistetig	satzweise	technologiebezogen	Fertigteil	Zentralprojektion	Parallelprojektion auf Normalrißebene	Linienorientiert mit verdeckten Linien	Linienorientiert ohne verdeckten Linien	schattiert opak	schattiert transparent
Simulationsaufgabe	Darstellung der Werkstückabspanung	x	x	x	x	x	x			x	x	x
Simulationsaufgabe	Darstellung von Bewegungen der WZM und des HHG	x	x				x		x			x
Simulationsaufgabe	Darstellung des gesamten Bearbeitungsvorgangs	x	x				x					x
Simulationsaufgabe	Bemaßung des Fertigteils					x		x		x		
Einsatzbereich	On-line-Betrieb • Automatikbetrieb	xE	xE				x					x
Einsatzbereich	• Einrichtebetrieb	xE	xE				x					x
Einsatzbereich	Off-line-Betrieb • Verifikation und Optimierung von NC-Steuerdaten	x	x	x	x	x	x			x	x	x
hohe Anforderung an Rechner- und Grafiksystem		x	x				x			x	x	x

E .. Darstellung in Echtzeit gefordert

Bild 2.5: Darstellungsmöglichkeiten bei einer Simulation

Das Simulationsprinzip wird durch den Zeitpunkt der bildlichen Wiedergabe des Bearbeitungsvorgangs definiert. Nach /19/ sind für eine stetige Darstellung des Bearbeitungsvorgangs wenigstens 30 aktualisierte Bilder in einer Sekunde zu erzeugen, da erst bei dieser Frequenz das menschliche Auge keine Unstetigkeit am Bildschirm erkennt. Wenn die zur Verfügung gestellte Rechenleistung eine stetige Darstellung nicht erlaubt, so kann eine quasistetige Darstellung gewählt werden. Bei dieser Darstellung ist der zeitliche Abstand zweier Momentaufnahmen von einem Bearbeitungsvorgang so groß, daß am Bildschirm der Eindruck eines sprunghaften Bearbeitungsablaufs entsteht. Bei Erhöhung des zeitlichen Abstands zweier Momentaufnahmen sind die

- satzweise Darstellung,
- technologiebezogene Darstellung und
- Fertigteildarstellung

zu unterscheiden. Eine satzweise Darstellung des Bearbeitungsvorgangs ist bei bestimmten Technologien, wie z.B. dem Schlichten, oft nicht zweckmäßig, weil am Bildschirm keine entscheidenden Veränderungen an der Werkstückgeometrie sichtbar werden. Hier eignet sich die technologiebezogene Darstellung besser, die den Bearbeitungsvorgang erst wieder visualisiert, wenn eine bestimmte Bearbeitung abgeschlossen ist. Aus der Darstellung des Fertigteils lassen sich Geometriefehler erkennen, jedoch ist ein Rückbezug auf eventuelle fehlerhafte NC-Steuerdaten nur schwer möglich. Vorteilhaft ist, daß mit dieser Darstellung eine hohe Simulationsgeschwindigkeit bei der Verifikation von NC-Steuerdaten erreicht werden kann, da die zeitintensive Visualisierung des Werkstücks während der Bearbeitung unterbleibt.

Die Darstellungsform von Körpern ist sowohl durch die Darstellungsart, als auch durch die Projektionsart der Flächen gekennzeichnet. Unter der Darstellungsart der Flächen wird die bildliche Wiedergabe der Oberflächen eines Körpers verstanden. Beispielsweise können diese am Bildschirm schattiert oder linienorientiert dargestellt werden (Bild 2.6).

linienorientierte Darstellung

flächenorientierte Darstellung

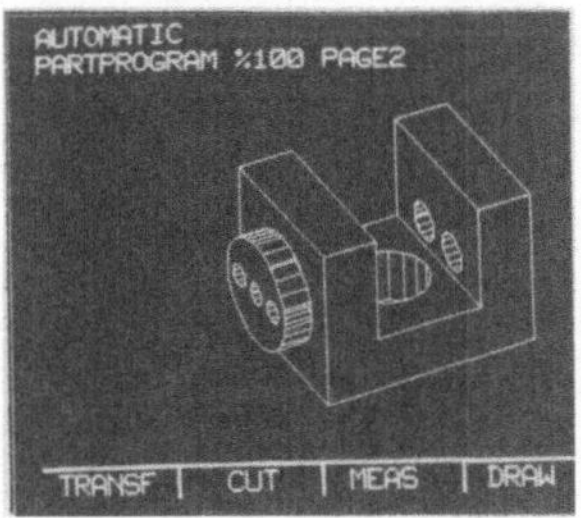

a) Kantenliniendarstellung

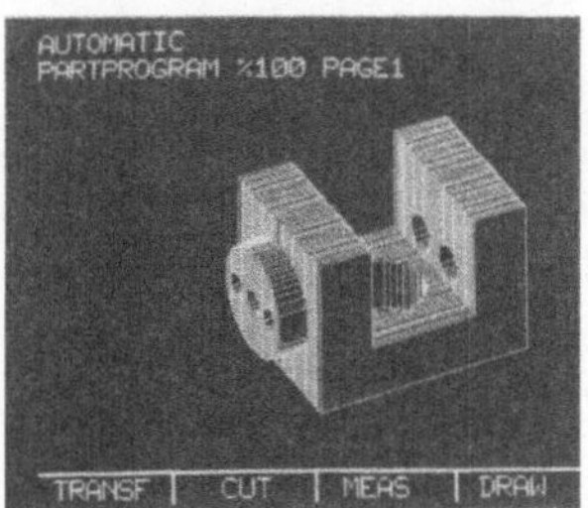

b) Schnittliniendarstellung

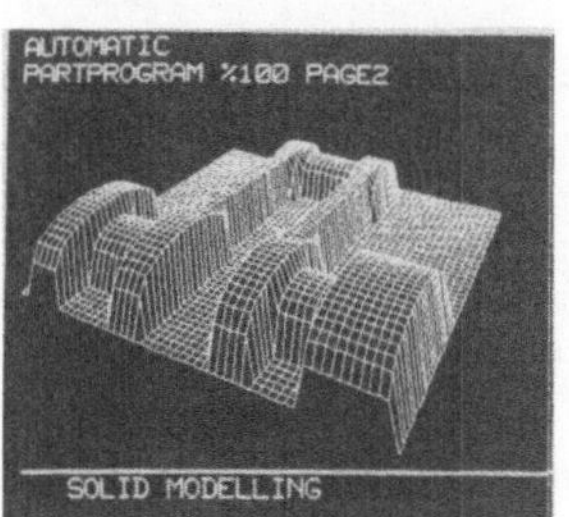

c) Netzliniendarstellung

d) Schattierungsdar-stellung (opak)

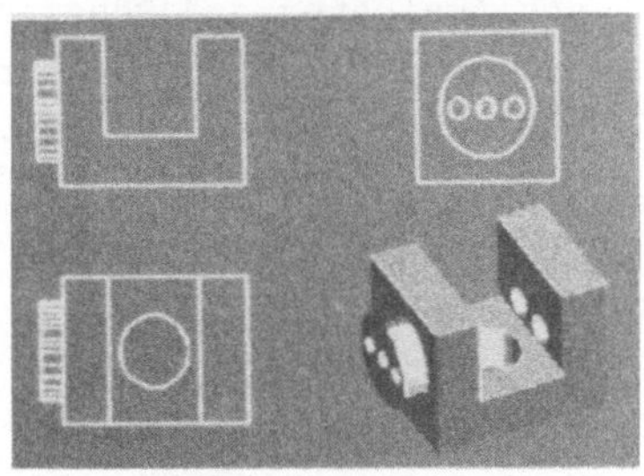

e) Schattierungsdarstellung mit Rißdarstellung

Bild 2.6: Alternative Flächendarstellungen

Die Projektionsart gibt die Abbildungsvorschrift wieder, wie ein dreidimensionaler Körper auf einen zweidimensionalen Bildschirm zu transformieren ist. Das Ziel ist hierbei, die durch die Transformation verloren gegangene räumliche Eigenschaft eines Körpers durch die Projektionsart auf optischem Wege wieder rückgängig zu machen /17/.

Eine anschauliche Darstellung von komplexen Körpern kann nur durch eine dreidimensionale Ansicht wiedergegeben werden. Um den gleichen Informationsgehalt von den im Bild 2.6 gezeigten Körpern durch eine zweidimensionale Ansicht zu erhalten, sind mehrere Ansichten und Schnitte zusätzlich am Bildschirm auszugeben, woraus sich folgende Nachteile ergeben:

- auf einer Bildschirmseite ist nur eine begrenzte Anzahl von Ansichten und Schnitten darstellbar,
- die Bereitstellung mehrerer Bildschirmseiten ist speicher- und damit kostenintensiv.

Eine schattierte Darstellung ist der linienorientierten vorzuziehen, wenn

- mindestens 30 Farbstufen pro Bildschirmpunkt zur Verfügung stehen, da erst dann ein Körper realitätsnah am Bildschirm wiedergegeben wird,
- ein Körper komplex ist,
- die zur Verfügung gestellte Rechenleistung diese Darstellung erlaubt.

2.2 Festlegung der Anforderungen für ein Simulationssystem

Für das zu entwickelnde GSB sind die Anforderungen hinsichtlich des gerätetechnischen Aufwands, der Anwendungsbreite und der Einsatzmöglichkeiten zu formulieren.

Durch die geforderte Integration des Programmsystems GSB in die NC sollten aus wirtschaftlichen Aspekten keine hohen zusätzlichen Kosten entstehen. Um den gerätetechnischen Aufwand niedrig zu halten, soll die NC nur durch eine Mikrorechnerkarte mit Speicherausbau erweitert werden. Die Grafikansteuerung und der Bildschirm der NC sind daher von dem GSB zu nutzen.

Um einerseits den Entwicklungsaufwand so gering wie möglich zu halten, andererseits aber eine exakte Nachbildung des Bearbeitungsvorgangs zu gewährleisten, sind geeignete Schnittstellen in der NC zu definieren und die für eine Simulation relevanten Algorithmen in der NC zu nutzen.

Die Forderung nach großer Anwendungsbreite zielt auf eine universelle Einsetzbarkeit sowohl der Aufgaben als auch der Gerätekonfigurationen ab. Eine Einschränkung hinsichtlich Bearbeitungsverfahren, Werkstückspektrum und Kinematik von WZM und HHG soll nicht vorhanden sein. Diese Vorgehensweise kommt insbesondere den Forderungen der Steuerungshersteller entgegen, die Steuerungen für einen breiten Anwendungsbereich konzipieren /20/. Dadurch können mehrfacher Entwicklungsaufwand und die daraus resultierenden Probleme bei der Programmwartung vermieden werden.

Das Programmsystem GSB soll portabel sein, damit auch eine Integration auf NC-externen Rechnersystemen in der Arbeitsvorbereitung (AV) und im Werkstattbereich möglich wird (Bild 2.7).

Hieraus resultieren die Vorteile:
- gleiche Bedienungsoberfläche des GSB sowohl im AV- als auch im Werkstattbereich,
- keine Mehrfachentwicklung notwendig.

Die Forderung der Portierbarkeit wird durch
- modulare Strukturierung des Programmsystems des GSB,
- transparente Ein- und Ausgangsschnittstellen der Programme und
- Programmierung in einer Hochsprache

erfüllt. Diese Forderung gilt gleichermaßen für die von dem

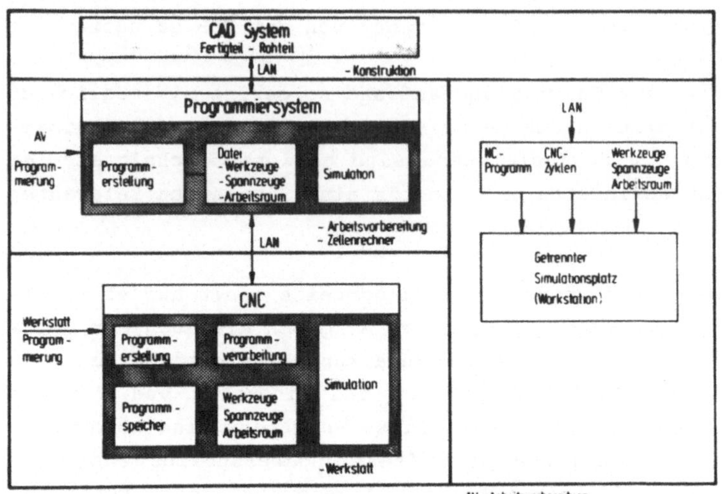

Bild 2.7: Ansiedlungsbereiche einer Simulation /18/

GSB genutzten steuerungsspezifischen Algorithmen, da diese ebenso portiert werden müssen.

2.3 Derzeitiger Stand bei Simulationssystemen für Bearbeitungsverfahren

Die Simulation kann

- zur Verifikation und Optimierung von NC-Programmen und
- zur Überwachung der Bearbeitung auf der WZM

eingesetzt werden.

Im ersten Fall wird die Simulation in den Bereichen angewandt, in denen auch die NC-Programmierung durchgeführt wird (vgl. Bild 2.7).

Das GSB ist entweder als eigenständige Geräteeinheit ausgeführt oder in bestehende Rechnersysteme integriert /18/. Lösungen, die als eigenständige Geräteeinheiten konzipiert werden, können hinsichtlich der Programm- und Gerätestruktur optimal auf die Anforderungen einer Simulation zugeschnitten werden, so daß im allgemeinen keine Kompromisse hinsichtlich der Darstellungsmöglichkeiten gemacht werden müssen (vgl. Bild 2.5). Dem Vorteil der Flexibilität im Hinblick auf den Einsatzort, z.B. direkt an der WZM, im Meisterbüro oder in der AV, steht jedoch der Nachteil einer teuren Lösung aufgrund eines höheren Geräteaufwandes gegenüber. Integrierte Lösungen dagegen können vorhandene Bausteine nutzen, so daß eine preiswerte Lösung möglich wird /18/. Nachteilig sind die meist niedrigeren Simulationsgeschwindigkeiten und die eingeschränkten Darstellungsmöglichkeiten, die die Akzeptanz solcher Systeme unter Umständen herabsetzen können.

Die besonderen Vorteile einer NC-integrierten Simulation lassen sich wie folgt zusammenfassen:

- Durch die Verwendung steuerungsspezifischer Algorithmen wird eine exakte Nachbildung des Bearbeitungsvorgangs gewährleistet.
- Direkter Zugriff auf aktuelle Maschinen- und Werkzeugdaten, wie z.B. auf Nullpunktverschiebungen oder Werkzeugkorrekturwerte, ist gegeben.
- Die Simulation von ereignisgesteuerten Abläufen, wie sie im On-line-Betrieb auftreten, ist möglich, da z.B. die Gebersignale einer WZM durch die NC erfaßt werden.

Damit die Werkstückbearbeitung durch eine Simulation nicht blockiert wird, sind ein Multiprozessor- und Multitasking-Betriebssystem zwingend notwendig. Damit erhöht sich jedoch der programmtechnische und gerätetechnische Aufwand einer NC.

Die Überwachung der Werkstückbearbeitung durch ein GSB gewinnt zunehmend bei komplexen WZM an Bedeutung, wenn dort

- der Arbeitsraum schlecht einsehbar ist,

- mehrere Werkzeugschlitten gleichzeitig im Eingriff sind oder
- eine Werkstück- und Werkzeughandhabung während der Bearbeitung zugelassen wird und diese daher schwer überschaubar ist.

Ein wesentlicher Anwendungsfall ist der Einrichtebetrieb, weil dort ein Großteil der auftretenden Kollisionen in der WZM erfolgt. Voraussetzung für die Überwachung der Bearbeitung ist

- die stetige Darstellung des Bearbeitungsvorgangs in Echtzeit (vgl. Bild 2.5),
- ein NC-integriertes GSB, weil ereignisgesteuerte Abläufe zu simulieren und deshalb auch die Gebersignale der WZM und HHG zu erfassen sind.

Eine Analyse der im AV- und Werkstattbereich eingesetzten GSB zeigt, daß sich diese hinsichtlich ihres Anwendungsbereichs und ihrer Leistungsfähigkeit unterscheiden /7,9/. Alle GSB sind grundsätzlich auf ein bestimmtes Bearbeitungsverfahren und Werkstückspektrum beschränkt und lassen sich daher in der Regel nicht für die Simulation von unterschiedlichen Bearbeitungsverfahren universell einsetzen.

Bestehende GSB können im Hinblick auf die geometrische Beschreibungsmöglichkeit von Bearbeitungsverfahren in 2D- und 3D-Simulationssysteme klassifiziert werden /9/. 2D-Simulationssysteme, wie sie für die Simulation von Drehbearbeitungen eingesetzt werden, weisen in ihrer Leistungsfähigkeit einen hohen Entwicklungsstand auf. Die stetige Darstellung des Bearbeitungsvorgangs in Echtzeit, die Darstellung von Fertigungshilfsmitteln oder die teilautomatische Bemaßung sind heute schon realisiert /21,22/. Demgegenüber sind 2D-Systeme, wie sie für die Simulation von komplexen Schleifbearbeitungen verwendet werden, hinsichtlich ihrer Darstellungsmöglichkeiten und ihren oft hohen Simulationszeiten für einen maschinengebundenen Einsatz stark eingeschränkt. Sie stellen das bearbeitete Werkstück grafisch nur als Schnitt dar /23/.

3D-Simulationssysteme weisen erhebliche Mängel hinsichtlich ihrer Anwendungsbreite auf. Sie sind vorwiegend zur Simulation einer 2 1/2D-Bearbeitung mit zylindrischen Fräsern ausgelegt /24,25,26,27/. Eine Mehrseitenbearbeitung oder eine Hinterschneidung von Werkstücken kann grundsätzlich nicht simuliert werden. 3D-Systeme für die Simulation komplexer Werkstückkonturen, die aus dem Einsatz beliebiger Werkzeugformen in Verbindung mit einer variablen Veränderung der Werkzeugorientierung während der Bearbeitung resultieren, sind wegen den hohen Simulationszeiten (bis zu mehreren Stunden /28/) für einen maschinengebundenen Einsatz ungeeignet.

Gründe hierfür liegen hauptsächlich in der schwierigen Algorithmierung der geometrischen und kinematischen Sachverhalte, die einen komplexen Bearbeitungsvorgang charakterisieren. Zum einen sind Körperbewegungen im Raum, zum anderen Veränderungen von Körpern in ihrer Geometrie und Topologie mathematisch zu erfassen und zu verarbeiten.

Ziel dieser Arbeit ist es daher, Algorithmen für ein 3D-Simulationssystem zu entwickeln, das die oben genannten Einschränkungen vermeidet. Dabei sind vier Bereiche unter dem Blickwinkel einer kostengünstigen Anwendung des GSB in einer NC von besonderem Interesse:

- die Abbildung von geometrischen Körpern nach den Regeln eines Modellierschematas in ein Geometriemodell,
- die Modifizierung dieser Körper hinsichtlich ihrer Gestalt,
- die Eliminierung verdeckter Flächen (Visibilitätsanalyse) und
- die Darstellung von Körperbewegungen.

Ein weiteres Ziel der Arbeit ist es, den Anwendungsbereich eines GSB nicht auf spezielle Bearbeitungsverfahren wie Schleifen, Fräsen oder auch auf ein bestimmtes Werkstückspektrum zu beschränken. Dies setzt die Entwicklung allgemeiner Lösungen voraus.

3 Aufstellung des Gesamtkonzepts

3.1 Struktur und Aufbau des zu realisierenden Simulationssystems

Um der Forderung nachzukommen, ein GSB für einen breiten Anwendungsbereich zu konzipieren, muß auf die Behandlung bearbeitungsspezifischer Angaben verzichtet werden. Gelingt es, diese Angaben durch geometrische und kinematische Operationsanweisungen zu ersetzen, dann läßt sich der Bearbeitungsvorgang unabhängig vom jeweiligen Bearbeitungsverfahren simulieren.

Zur Lösung dieser Aufgaben ist die Abbildung des Bearbeitungsvorgangs in ein rechnerinternes Modell notwendig. Hierzu sind die realen Zusammenhänge durch die Abstraktion der relevanten Eigenschaften des Bearbeitungsvorgangs in eine mathematische Beschreibungsform zu bringen. Dies bedeutet, daß das Modell die sogenannte Makrogeometrie der geometrischen Körper der Arbeitswelt wiedergeben muß. Geometriemodelle erfüllen diese Bedingung, da sie die zur mathematischen Darstellung erforderliche Informationsmenge durch geometrische Elemente und deren logische Beziehungen untereinander beschreiben. Weitere Attribute der geometrischen Körper, wie z.B. Oberflächenmerkmale sowie Abmessungs-, Form- oder Lagetoleranzen (Mikrogeometrie), sollen dabei unberücksichtigt bleiben, da

- die hierfür erforderliche Modellgenauigkeit die Simulationszeit unvertretbar hoch ansteigen läßt,
- die Darstellungsgenauigkeit durch die Bildschirmauflösung begrenzt ist.

Die mikrogeometrischen Attribute eines Körpers können daher nur durch einen Testlauf an der WZM beurteilt werden.

Neben den geometrischen Daten sind auch kinematische Informationen in eine mathematische Beschreibungsform zu bringen. Diese werden vorteilhaft durch ein Kinematikmodell repräsentiert, das die Bewegungsvorschriften der WZM und des HHG beinhaltet.

Auf der Basis dieser Modelle werden dann die Bewegungen von WZM und HHG sowie die Werkstückbearbeitung rechnerintern nachgebildet und mittels grafischer Methoden am Bildschirm dargestellt.

Da die NC nicht durch teure Zusatzeinheiten ergänzt werden soll, sind Einschränkungen hinsichtlich des Anwendungsbereich eines GSB in Kauf zu nehmen. Eine stetige Darstellung des Bearbeitungsvorgangs in Echtzeit ist mit der in Abschnitt 2.2 aufgeführten Gerätekonfiguration nicht möglich, so daß das GSB bei komplexen Bearbeitungsverfahren nur im Off-line-Betrieb eingesetzt werden kann. Um trotzdem eine akzeptable Simulationsgeschwindigkeit zu erreichen, soll eine quasistetige bzw. satzweise Darstellung möglich sein.

Da die Auflösung des Bildschirms begrenzt ist, ist sowohl eine optische Kollisionskontrolle als auch eine optische Überprüfung auf Maßhaltigkeit bei Werkstücken nur unzureichend möglich. Zudem ist bei komplexen Bearbeitungsvorgängen der Benutzer des GSB überfordert, Kollisionen durch die bloße Darstellung des Bearbeitungsvorgangs zu erkennen. Um Körperdurchdringungen sicher feststellen zu können, ist eine Betrachtung von kritischen Bereichen bei einer möglichen Kollision aus verschiedenen Betrachtungspunkten erforderlich. Dies kann jedoch unter Umständen großen manuellen und zeitlichen Aufwand bedeuten. Deshalb ist eine automatische Kollisionskontrolle durch den Rechner notwendig. Zur Reduktion des programmtechnischen Aufwandes besteht die Zielsetzung, die Algorithmen zur Kollisionskontrolle aus den Algorithmen zur Werkstückaktualisierung abzuleiten.

Bei komplexen prismatischen Werkstücken ist im Gegensatz zu einfachen Drehteilen eine automatische Bemaßung nach den Richtlinien einer technischen Zeichnung nicht mehr möglich, weil

- es keine festen Regeln für eine Bemaßungsanordnung gibt,
- die Algorithmen zur Findung kreuzungsfreier Maß- und Maßhilfslinien bei einer hohen Zahl von Linien zu zeitaufwendig sind und
- die Menge der möglichen Bemaßungspunkte zu groß ist.

Letzteres ist auch der Grund für fehlende Algorithmen in CAD-Systemen. Untersuchungen im Rahmen der Arbeit ergaben, daß eine teilautomatische interaktive Bemaßung an der Steuerung Vorteile bringt, weil

- die von dem Bediener als relevant bewerteten Bemaßungspunkte einfach und schnell ermittelt werden können,
- die Anzahl der Bemaßungspunkte am Bildschirm vom Bediener entsprechend der Werkstück- und Bildschirmgröße angepaßt werden kann,
- wesentlicher Programmieraufwand entfällt.

Da insbesondere mit der Beurteilung des Simulationsergebnisses in der Auswertungsphase (vgl. Bild 2.2) ein hoher manueller und zeitlicher Aufwand verbunden ist, sind geringe Antwortzeiten für die Funktionen zur Bildmanipulation zu fordern.

Mit der Kenntnis der Schwerpunktaufgaben kann die funktionale Struktur des GSB entworfen werden (Bild 3.1).

Voraussetzung für eine satzweise Darstellung des Bearbeitungsvorgangs ist die Erzeugung von Werkzeugvolumenspuren. Als Volumenspur wird der Hüllkörper bezeichnet, der den Raum umschließt, den das bewegte Werkzeug durchdringt. Für eine numerische Kollisionsüberwachung ist ein Durchdringungsdetektor zu realisieren, der ein integrierter Bestandteil des für die Werkstückaktualisierung notwendigen Modellierers bildet. Zu den Aufgaben des Visualisierers gehören z.B. die Abbildung des rechnerintern gespeicherten Werkstücks auf die Bildschirmebene und die Eliminierung verdeckter Flächen.

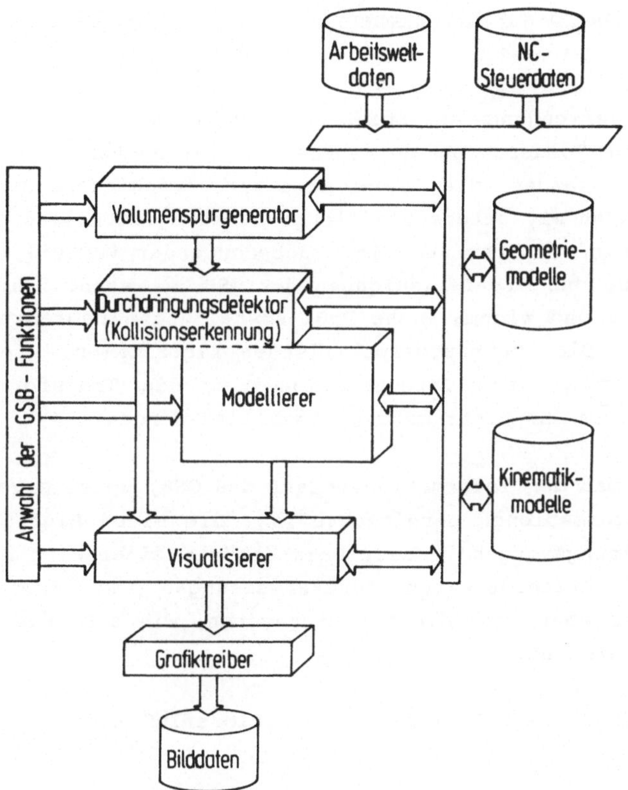

Bild 3.1: Funktionale Struktur des GSB

Bevor die Algorithmen für die in Bild 3.1 dargestellten Funktionen näher detailliert werden, ist zunächst eine geeignete Datenschnittstelle zwischen NC und GSB zu entwerfen.

3.2 Einbindung des Simulationssystems in den Informationsfluß einer NC

Durch die Verwendung von Steuerungsalgorithmen können insbesondere die Forderungen derjenigen Steuerungshersteller berücksichtigt werden, die Steuerungen für verschiedene Bearbeitungsverfahren mit unterschiedlichen Leistungsmerkmalen anbieten /20/. Ein weiterer und nicht unbedeutender Vorteil ergibt sich daraus, daß die Teilaufgaben des GSB im wesentlichen auf geometrische und kinematische Problemstellungen begrenzt werden können. Die steuerungsspezifischen Algorithmen, wie z.B. die Decodierung, die Interpolation oder die Transformation müssen dann im GSB nicht mehr nachgebildet werden.

Analysiert man den Informationsbedarf des GSB, so sind von der NC alle Informationen bereitzustellen, die einen Einfluß auf den Bearbeitungsvorgang haben. Dazu gehören einerseits die im NC-Programm verschlüsselten Steueranweisungen (vgl. Bild 2.3), andererseits aber auch die Maschinendaten, wie z.B. die Werkzeugkorrekturdaten.

Die Einbindung des GSB in den Informationsfluß einer NC zeigt Bild 3.2.

Um eine exakte Nachbildung des Bearbeitungsvorgangs zu erhalten, sind die erzeugten Lage-Sollwerte nach der Transformation (Schnittstelle K6) und die programmierten Maschinenfunktionen (Schnittstelle K4) dem GSB zur Verfügung zu stellen. Dadurch ergeben sich folgende Vorteile:

- das Problem der Synchronisation bei der Mehrschlittenbearbeitung oder der Synchronisation des HHG mit der WZM kann der NC überlassen werden,
- eine Rückwärtstransformation in die Achsenkoordinaten einer WZM oder eines HHG ist nicht erforderlich,
- eventuelle Steuerungsfehler werden durch eine Simulation erkannt.

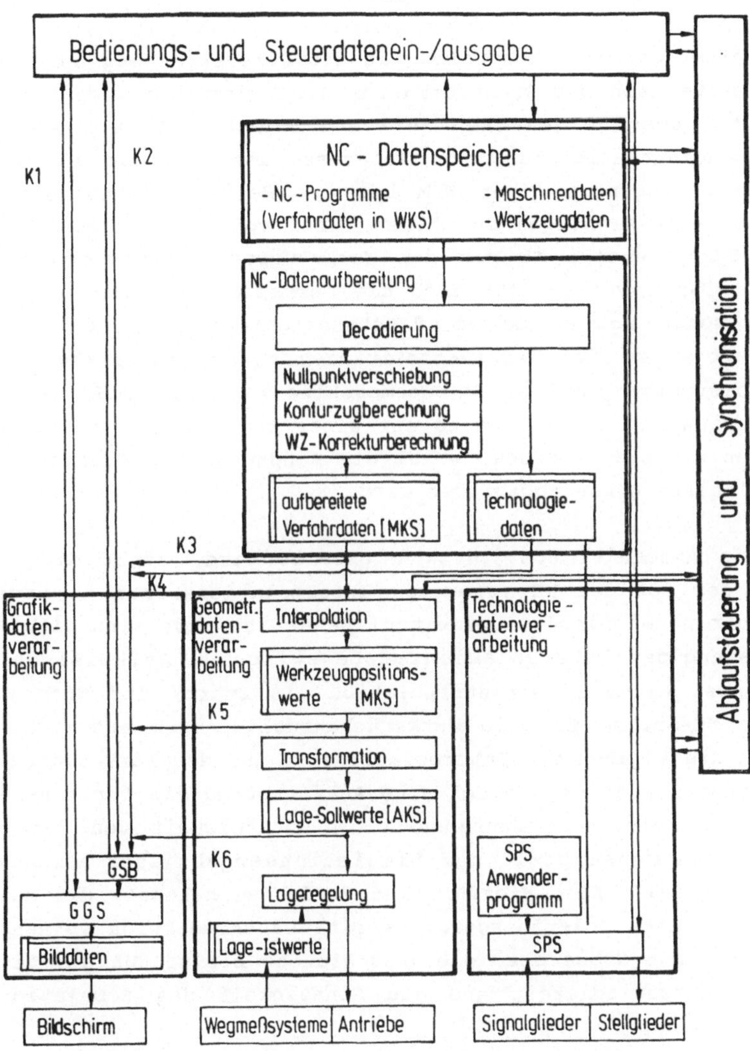

Bild 3.2: Informationsfluß in einer NC mit den Schnittstellen zum GSB

Bei einer Geometriekontrolle ist die Bereitstellung der Lage-Sollwerte nach der Transformation nicht notwendig, da nur die Relativbewegung zwischen Werkzeug und Werkstück bei einer Werkstückaktualisierung von Interesse ist. Um die kinematischen Bedingungen einer WZM bei der Werkstückaktualisierung nicht berücksichtigen zu müssen, wird von dem GSB zusätzlich die Schnittstelle K5 mit den Werkzeugpositionswerten gefordert. Damit vereinfacht sich die Werkstückaktualisierung, da eine sonst notwendige Vorwärtstransformation von den Lage-Sollwerten zu den Werkzeugpositionen unterbleiben kann. Die Fräsbearbeitung auf einer Drehmaschine kann dann z.B. rechnerintern wie die Bearbeitung auf einer Fräsmaschine ohne Rundachsen simuliert werden, wobei die Rundachse der Drehmaschine als lineare Achse abgebildet wird.

Wie in Abschnitt 5.4.2.4 noch gezeigt wird, führt die hohe Zahl der von der NC erzeugten Interpolationswerte zu unvertretbar hohen Simulationszeiten. Daher ist eine sinnvolle Reduzierung der Interpolationswerte zwingend. Beispielsweise sind bei einer Linearinterpolation die Start- und Endpunkte eines NC-Satzes für die Werkstückaktualisierung ausreichend. Durch die Angaben der Interpolationsart und der Werkzeugendpositionen lassen sich durch eine Ausfilterung die für eine Simulation relevanten Stützpunkte in Abhängigkeit von der gewünschten Genauigkeit des Simulationsergebnisses ermitteln (Schnittstelle K3). Hierfür sind Verfahren bekannt, die durch Vorgabe eines Toleranzschlauchs eine Datenreduktion vornehmen /29,30/. Die Größe des Toleranzschlauchs beeinflußt die Simulationsgeschwindigkeit und die Genauigkeit des Simulationsergebnisses.

Zur Steuerung des Ablaufes einer Simulation ist eine Schnittstelle zum Bedienungsfeld vorzusehen (Schnittstelle K2).

4 Aufbau und Struktur von Werkstückmodellen

4.1 Grundsätzliche Lösungswege zur Werkstückaktualisierung

Eine Werkstückaktualisierung läßt sich auf eine boolesche Verknüpfung von Werkstück und Werkzeug zurückführen, wobei das Ergebnis der Verknüpfung mit Hilfe von Visualisierungsmethoden am Bildschirm dargestellt werden kann (Bild 4.1). Da im allgemeinen eine boolesche Verknüpfung von Körpern auch als Modellierung bezeichnet wird, soll in dieser Arbeit diese Terminologie verwendet werden.

Grundsätzlich sind zur Erzeugung einer Werkstückaktualisierung zwei Lösungswege denkbar /31/:

- Aktualisierung nach dem Bildänderungsprinzip und
- Aktualisierung nach dem Bildwechselprinzip.

Bei einer Lösung nach dem Bildänderungsprinzip erfolgt die Modellierung des projezierten Werkstücks durch das bildpunktweise Löschen des Bildhintergrundes (Werkstück) mit der Kontur eines bewegten Teilbildes (Werkzeug). Dieser Vorgang wird im allgemeinen durch das Grafiksystem der NC unterstützt, so daß der Mikrorechner durch die Modellierung wenig belastet wird. Erforderlich ist dazu die gerätemäßige Ausstattung der NC mit einem Rasterbildschirm /32/, da die Modellierung der Geometrie eines Werkstücks direkt im Bildwiederholspeicher vorgenommen wird. Da der Bildwiederholspeicher ein zweidimensionales Medium ist, sind zusätzlich zur Modellierung folgende Teilaufgaben zu lösen /33/:

- die Ermittlung der Eingriffsstrecke des Werkzeugs im Werkstück sowie
- die Projektion der dreidimensionalen Werkstück- und Werkzeuggeometrie in eine ausgewählte Projektionsebene.

Zur Lösung dieser Aufgaben können einfache kanten- oder flächenorientierte Modelle verwendet werden.

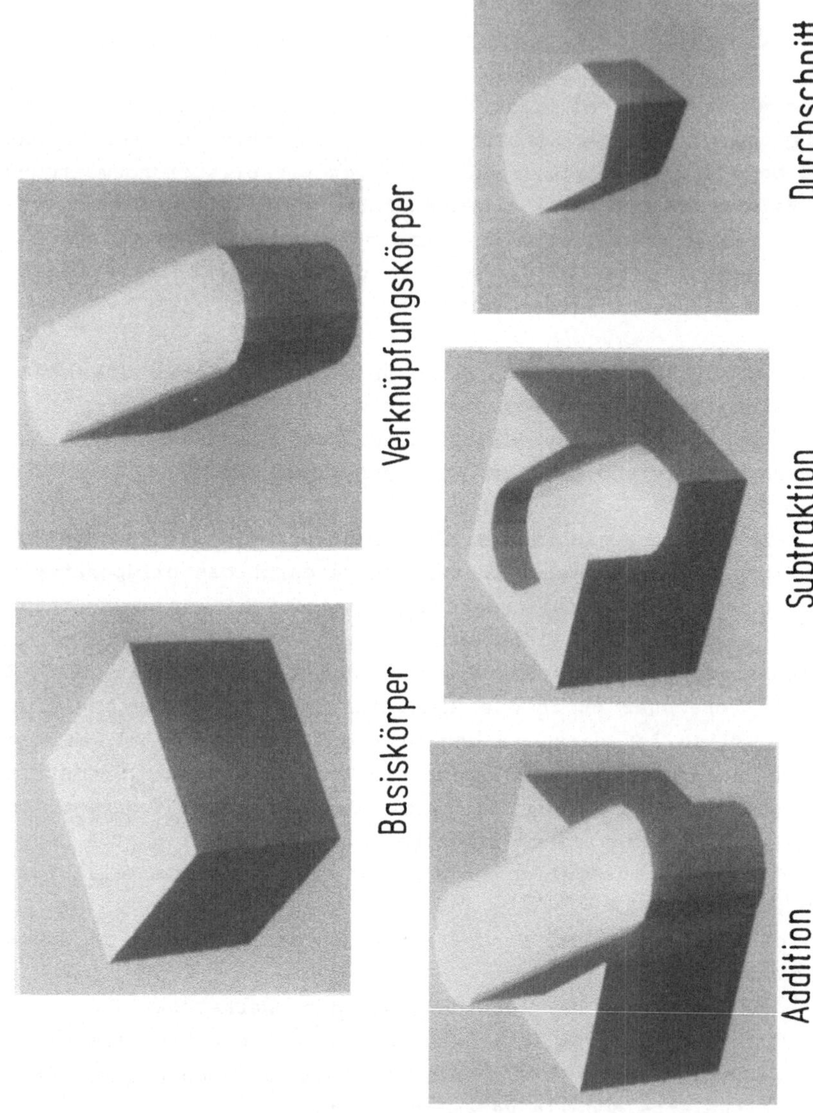

Bild 4.1: Boolesche Verknüpfungsmöglichkeiten von Körpern

Eine Werkstückaktualisierung auf der Basis dieses Prinzips ist besonders für kostengünstige Lösungen von Bedeutung, weil sowohl der Rechenzeit- als auch der Speicherplatzbedarf gering ist. Aufwendige Visualisierungsverfahren sind nicht erforderlich, der Inhalt des Bildwiederholspeichers ergibt bereits das am Bildschirm dargestellte Bild. Der Anwendungsbereich ist jedoch auf rotationssymmetrische und plattenförmige Teile beschränkt, weil nur die Querschnittsfläche des Werkstücks im Bildwiederholspeicher modelliert werden kann (Bild 4.2).

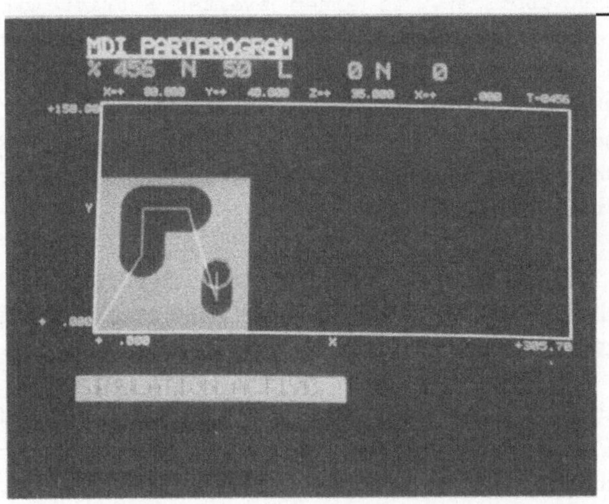

Bild 4.2: Beispiel einer Werkstückaktualisierung nach dem Bildänderungsprinzip /33/

Hieraus ergeben sich folgende Einschränkungen:

- eine 3D-Ansicht ist nicht möglich,
- Schnitte können nicht durch die bereits simulierte Werkstückkontur gelegt werden,
- die Genauigkeit des simulierten Werkstücks ist abhängig von der Auflösung des Bildwiederholspeichers,
- die im Bildwiederholspeicher modellierten Bildpunkte können während einer Simulation nicht zum zweiten Mal model-

liert werden, so daß z.B. Werkstückflächen, die durch mehrere Fräserschnitte mit unterschiedlicher Höhenzustellung erzeugt werden, nicht dargestellt werden können.

Die oben genannten Einschränkungen entfallen bei einer Lösung nach dem Bildwechselprinzip. Bei diesem Prinzip erfolgt in einem ersten Schritt eine Modellierung auf der Datenbasis eines Geometriemodells, wobei das Modell die räumlichen Gegebenheiten des Werkstücks in mathematische, vom Rechner interpretierbare Strukturen abbildet. In einem zweiten Schritt wird das Ergebnis der Modellierung mittels geeigneter Visualisierungsverfahren am Bildschirm dargestellt. Die Werkstückaktualisierung nach dem Bildwechselprinzip bietet prinzipiell keine Einschränkungen in bezug auf die Komplexität und Genauigkeit des simulierten Werkstücks und erfüllt daher die in dieser Arbeit formulierten Anforderungen.

4.2 Untersuchung der Anwendbarkeit von CAD Algorithmen für die Werkstückaktualisierung

Die rechnerinterne Darstellung von beliebig komplexen Körpern auf der Basis eines Modells ist von CAD-Systemen her bekannt. Deshalb ist zunächst zu untersuchen, inwieweit sich dort eingesetzte Algorithmen für ein GSB eignen.

Eine Analyse der in CAD-Systemen realisierten Algorithmen zeigt, daß die mit der Werkstückaktualisierung verbundenen mathematischen Probleme prinzipiell als gelöst betrachtet werden können. Dazu gehören zum einen die boolesche Modellieroperation nach dem Durchdringungsprinzip, zum anderen die Eliminierung verdeckter Flächen (Visibilitätsanalyse). Die erstgenannte Problematik wird in /34,35,36,37/, die letztgenannte in /38,39,40/ ausführlich behandelt.

Die theoretische und praktische Beschäftigung mit diesen Algorithmen zeigt, daß diese wegen ihres hohen Rechenzeit- und

Speicherplatzbedarfs nicht den Anforderungen für ein NC-integriertes GSB gerecht werden. So sind leistungsfähige Rechenanlagen und Bildschirmgeräte sowie die Zugriffsmöglichkeit auf Massenspeicher notwendig, damit sich keine Einschränkungen hinsichtlich des Werkstückspektrums ergeben. Diese gerätetechnische Umgebung kann bei einer NC aus heutiger Sicht nicht vorausgesetzt werden, weil sonst ein wirtschaftlicher Einsatz an der WZM nicht mehr gegeben ist.

Ein Grund für den hohen Rechenzeit- und Speicherplatzbedarf liegt darin, daß in CAD-Systemen eingesetzte Algorithmen auf Modellen basieren, die sowohl eine hohe geometrische Übereinstimmung mit dem realen Werkstück aufweisen, als auch technologische Informationen wie Oberflächenangaben, Form- und Lagetoleranzen /16/ beinhalten. Aufgrund dieser Informationen können die Modelle als Ausgangsbasis für weitere Verarbeitungsschritte genutzt werden, wie z.B. zur Erzeugung von NC-Steuerdaten, zur Bauteilberechnung nach der Finiten Element Methode, zur Erstellung einer Stückliste oder einer normgerechten Werkstattzeichnung. Betrachtet man jedoch die bei einer Werkstückaktualisierung durch ein GSB gestellten Anforderungen hinsichtlich der grafischen Darstellung des abgespanten Werkstücks und seiner nachträglichen Bemaßung, so sind wesentlich effizientere Modelle denkbar.

Es sind daher Modelle zu entwickeln, die unter Berücksichtigung der Randbedingungen einer NC die speziellen Anforderungen einer Werkstückaktualisierung erfüllen. Bei der Entwicklung simulations- und NC-gerechter Modelle bzw. Aktualisierungsverfahren sollen jedoch die Erfahrungen und Entwicklungen, die insbesondere auf dem Gebiet der Geometriedatenverarbeitung bei CAD-Systemen existieren, in die Lösungsansätze mit einbezogen werden.

4.3 Aufbau und Struktur von Geometriemodellen

Nach /41/ sind Modelle durch die Bestimmung der abzubildenden Informationsanteile (Verkürzungsmerkmal) und durch die Abbildung auf eine rechnerinterne Darstellung (Abbildungsmerkmal) zu charakterisieren. Die abzubildenden Informationsanteile sind Geometrieelemente, die die Makrogeometrie eines Körpers beschreiben, aber selbst keine Topologie besitzen. Da das Verkürzungsmerkmal wesentlich das zu entwickelnde Werkstückmodell beeinflußt, soll zunächst dieser Aspekt näher untersucht werden.

4.3.1 Untersuchung über den zulässigen Abstraktionsgrad des Verkürzungsmerkmals

Der Abstraktionsgrad hängt davon ab, wie groß die Abweichung zwischen dem realen Körper (Sollgeometrie) und dem mathematisch erfaßten Körper (Istgeometrie) sein darf. Ein hoher Abstraktionsgrad bedeutet eine hohe Annäherung an einen realen Körper. Die Komplexität und die geforderte Genauigkeit des Werkstücks einerseits und die gewünschte Aktualisierungsgeschwindigkeit andererseits bestimmen wesentlich den gewählten Abstraktionsgrad und damit auch das für eine Werkstückaktualisierung zugrunde gelegte Modell.

Ein Werkzeug kann durch Flächen der ersten und zweiten Ordnung (Quadriken) analytisch beschrieben werden, sofern keine Formwerkzeuge zu betrachten sind. Durch die Relativbewegung zwischen Werkzeug und Werkstück können jedoch sogenannte Freiformflächen am Werkstück erzeugt werden, die unter Berücksichtigung der zeitlichen Anforderungen einer Simulation den hohen Abstraktionsgrad des mathematisch erfaßten Werkzeugs für ein Werkstück nicht mehr zulassen.

Freiformflächen sind Flächen, die nicht mehr mittels einer Koeffizientengleichung aus der analytischen Geometrie beschreibbar sind. Diese Flächen müssen stattdessen durch eine Vielzahl von Flächensegmenten an die Sollgeometrie angenähert werden. Hierzu existieren Verfahren, die je nach den Anforderungen an die Flächendarstellung die Sollgeometrie approximieren oder interpolieren. Zu nennen sind hier die Approximationsverfahren, die die Sollgeometrie durch Bezier- oder durch B-Spline-Flächen /42,43/, sowie Interpolationsverfahren, die die Sollgeometrie durch lokal interpolierende Splines /44,45/ beschreiben. In der Literatur werden diese ausführlich behandelt, so daß an dieser Stelle auf eine genaue Betrachtung dieser Verfahren verzichtet werden kann.

Ein Vorteil dieser Verfahren liegt in der Speicherung von wenigen diskreten Punkten zur Beschreibung einer Freiformfläche und in der leichten Änderbarkeit der Fläche durch Variieren weniger Punkte. Insbesondere bei der Konstruktion von Freiformflächen erweisen sich diese Eigenschaften als vorteilhaft. Demgegenüber steht der Nachteil, daß eine boolesche Modellierung auf Basis dieser Flächenbeschreibung nur unter hohem programmtechnischem Aufwand und extrem hohen Rechenzeiten durchführbar ist. Ferner ist die Problematik der lokalen Änderbarkeit von Freiformflächen bei Körperdurchdringungen mathematisch noch nicht befriedigend gelöst /46,47/.

Der Nachteil, daß komplexe reale Flächen immer mathematisch approximiert werden müssen, existiert bei allen Verfahren. Aus der Kenntnis, daß einerseits mit analytisch beschreibbaren Flächen das Werkstückspektrum begrenzt wird, und andererseits ein Vorgehen nach einem allgemeinen Freiformflächenmodell für eine NC-Integration unwirtschaftlich ist, steht die Forderung nach einem Modell, das die Randbedingungen einer NC berücksichtigt. Untersuchungen im Rahmen dieser Arbeit ergaben, daß die Komplexität und damit die Laufzeit sowohl bei der Modellierung als auch bei der Visibilitätsanalyse reduziert werden können, wenn die Oberflächen eines Werkstücks durch Tangential- und Sekantenebenen abstrahiert werden. Die auf diese Weise abstrahierten Körper nennt man auch Polyeder /17/ (Bild 4.3).

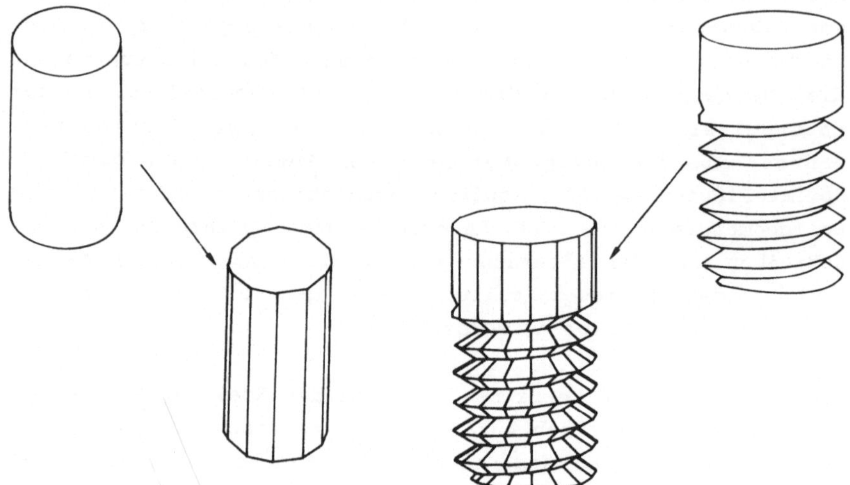

Bild 4.3: Bei 'ele von polyederisierten Körpern

Die Vorteile ein Polyederisierung sind zusammengefaßt:

- eine einheitl e Datenstruktur ist gewährleistet,
- ebene Flächen d analytisch am leichtesten zu handhaben,
- Algorithmen zur rchdringungsüberprüfung sind rechenzeitgünstig,
- der Aufwand für c Berechnung von verdeckten Flächen wird erheblich reduzier
- eine Sichtkantenbe nung ist nicht notwendig,
- eine Schattierung v benen Flächen ist programmtechnisch einfach zu realisier

Nachteilig ist, daß durch die Polyederisierung von gekrümmten Flächen eine Erhöhung des Speicherplatzbedarfs in Kauf genommen werden muß.

Da eine beliebig hohe Annäherung an die Sollgeometrie des Werkstücks durch die Wahl ausreichend kleiner Flächensegmente prinzipiell möglich ist, stellt die Entscheidung, das Werkstück als Polyeder zu abstrahieren, keine prinzipielle Einschränkung dar. In der Praxis wird jedoch die Erhöhung der Genauigkeit sowohl durch die zulässige Rechenzeit als auch durch den vorhandenen Speicherplatz begrenzt.

Ausgehend von einer Abstraktion der Werkstückflächen durch Polyederflächen, können die geometrischen Elemente und damit auch das Verkürzungsmerkmal eines Werkstücks bestimmt werden. Die geometrischen Elemente eines Werkstücks bilden dann ebene Polygone. Für eine vollständige mathematische Beschreibung des Werkstücks sind zusätzlich noch die topologischen Beziehungen der Polygone rechnerintern zu erfassen.

4.3.2 Klassifizierung von Geometriemodellen

Ein Polyeder kann hinsichtlich der Art der mathematischen Beschreibung seiner Körpergrenzen im euklidischen Raum durch
- analytische oder
- diskrete

Modelle repräsentiert werden.

Analytische Modelle lassen sich in kanten-, flächen- und volumenorientierte Modelle klassifizieren. Eine Analyse der analytischen Modelle /48,49,50/ zeigt, daß die zwei letztgenannten Modellarten den Anforderungen für eine Werkstückaktualisierung gerecht werden. Nur diese stellen einen eindeutigen Zusammenhang zwischen einem realen Körper und seiner rechnerinternen Darstellung her. Bild 4.4 zeigt den prinzipiellen Aufbau der beiden Modelle.

Der Grundgedanke bei einem volumenorientierten Modell basiert darauf, daß durch die Verknüpfung von parametrisierbaren Grundkörpern (Operanden) ein komplexer Körper aufgebaut wird. Im Modell sind daher neben den Grundkörpern auch die Regeln (boolesche Mengenoperatoren), nach denen die Grundkörper verknüpft werden sollen, eingebaut.

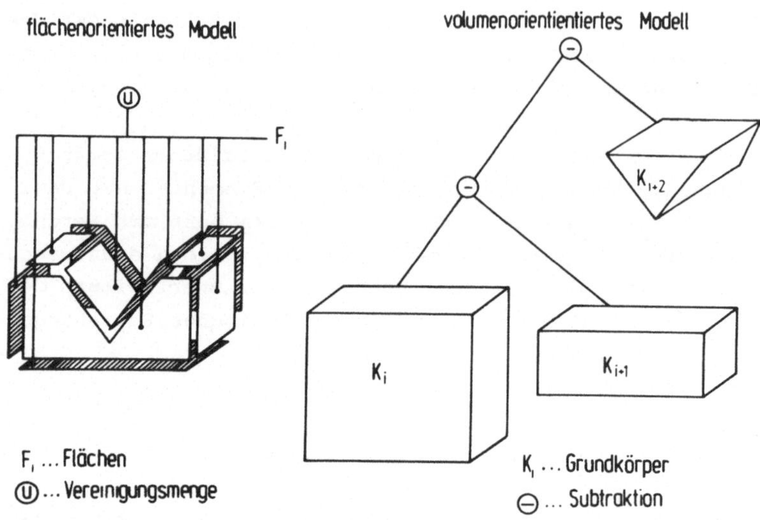

<u>Bild 4.4</u>: Prinzipieller Aufbau von analytischen Modellen

Während bei der obigen Modellart ein Körper aus vielen Grundkörpern besteht, stellt ein flächenorientiertes Modell einen komplexen Körper als ein einziges Volumen dar. Die geometrischen Elemente eines Körpers und deren logische Beziehungen müssen somit nicht erst über Operationsanweisungen generiert werden, sondern liegen in der Datenbasis akkumulativ vor /40/. Aus der Flächengleichung kann die Materialrichtung aus dem Flächennormalenvektor abgeleitet werden. Das Modell kann als ein Tripel von Punkten, Kanten und Flächen definiert werden.

Diskrete Modelle beruhen auf dem Grundgedanken, jedem einzelnen Raumpunkt eine Information über das Vorhandensein von Materie zuzuordnen /51/. Ausgehend von diesem Gedanken kommt man durch Zusammenfassung bestimmter Punktemengen zu folgenden im Bild 4.5 dargestellten Modellen.

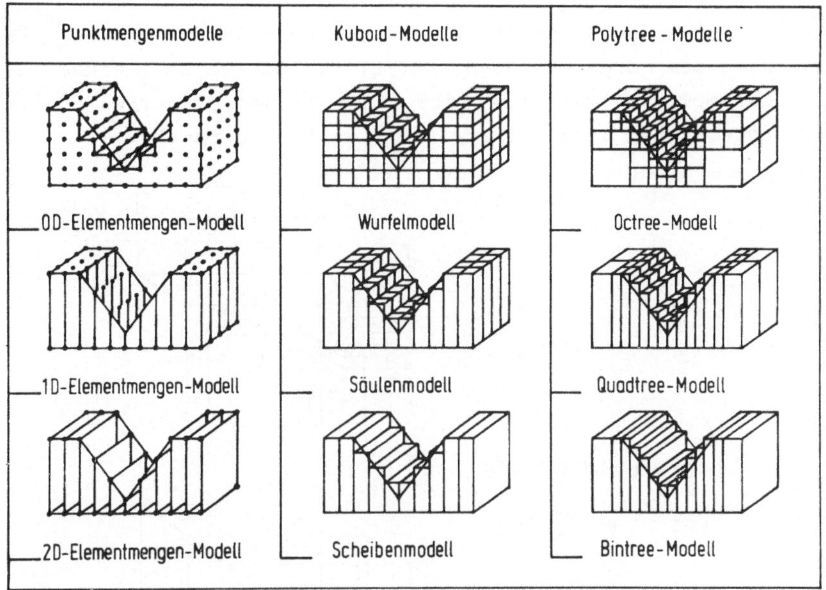

Bild 4.5: Klassifizierung diskreter Modelle

Hinsichtlich des Abbildungsmerkmals sind akkumulativ- und rekursiv-diskrete Modelle zu unterscheiden. Zu den akkumulativ-diskreten Modellen sind die in Bild 4.5 dargestellten Punktmengen- und Kuboidmodelle /52,53/ zu zählen, zu den rekursiv-diskreten Modelle die Polytree-Modelle /54,55,56/. Während bei den akkumulativ-diskreten Modellen die Geometrieelemente explizit in der Datenbasis abgespeichert sind, liegen die Geometrieelemente bei den rekursiv-diskreten Modellen in Form von sogenannten Rekursionsbäumen vor /55/ (Bild 4.6).

Das Bild 4.6 zeigt die Darstellung eines Körpers durch ein Octree-Modell. Schneiden Flächen des Körpers ein Kuboid, so wird dieses in acht Kuboide aufgeteilt. Diese rekursive Unterteilung erfolgt solange, bis eine gewünschte Kuboidgröße erreicht wird. An den Endknoten befinden sich dann Kuboide, die in ihrer Größe unterschiedlich sein können (vgl. Bild 4.6).

Die schwarz ausgefüllten Endknoten repräsentieren Kuboide, die innerhalb des Körpers liegen. Da für die Darstellung eines beliebig komplexen Werkstücks die Bintree- und Quadtree-Modelle ungeeignet sind, werden diese nicht weiter betrachtet.

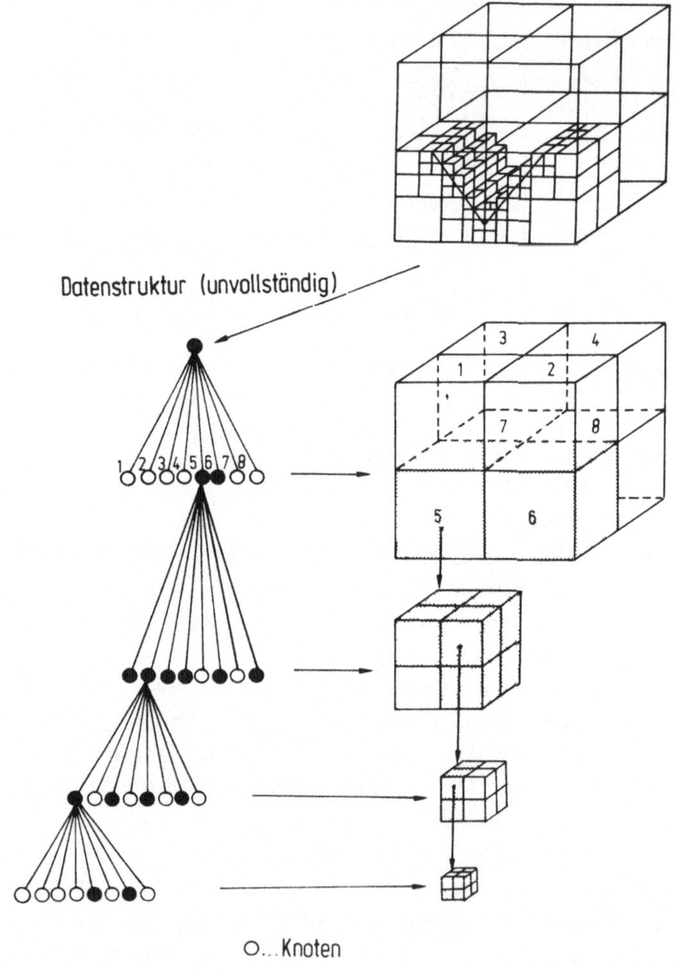

<u>Bild 4.6</u>: Beispiel der Datenstruktur eines Octree-Modells

4.3.3 Bewertung der Geometriemodelle

Um ein geeignetes Modell als Grundlage für eine Werkstückaktualisierung auszuwählen, ist es zweckmäßig, seine spezifischen Merkmale hinsichtlich der in Bild 4.7 dargestellten Kriterien zu analysieren und zu bewerten.

	Modell \ Merkmal	eindeutiger Zusammenhang zw. realen Körper und Modell	Konsistenz nach Modelloperation	geringe Komplexität	hohe Anwendungsbreite	einfache Modellieroperation	einfache Visibilitätsanalyse	Protokollierung der Modellieroperation	geringer Speicherplatzbedarf	hoher Abstraktionsgrad
analytisch	flächenorientiert	●	○	○	●	○	○	○	●	●
	volumenorientiert	●	●	◒	◒	●	◒	●	●	●
diskret	akkumulativ	○	●	●	◒	●	●	○	○	○
	rekursiv	○	●	●	◒	◒	●	○	◒	○

● Merkmal wird gut erfüllt ○ Merkmal wird nicht bzw. schlecht erfüllt

◒ Merkmal wird mittelmäßig erfüllt

Bild 4.7: Bewertung von Modellalternativen

Wie Bild 4.7 zeigt, kann ein hoher Abstraktionsgrad nur mittels analytischer Modelle erreicht werden. Werden hohe Anforderungen an die Genauigkeit der Datenbasis gestellt, wie dies z.B. bei einer Maßkontrolle des simulierten Werkstücks der Fall ist, sind diskrete Modelle ungeeignet.

Ein Vergleich der analytischen Modelle zeigt, daß das flächenorientierte Modell aufgrund der Trennung von geometrischen und topologischen Informationen Vorteile bei der Anwendung wichtiger geometrischer Transformationen, z.B. bei der Änderung des Betrachtungsausschnitts oder des Betrachtungspunkts, aufweist. Da die topologischen Modellinformationen sich hierbei nicht ändern, sind nur die geometrischen Informationen zu aktualisieren. Dagegen ist die Einhaltung der Eindeutigkeit des Modells (Konsistenz) nach einer Modellieroperation im Gegensatz zu einem volumenorientierten Modell in der Praxis nur über aufwendige Prüfalgorithmen zu gewährleisten /16/. Diese Konsistenzprobleme ergeben sich ausschließlich aus Rechenungenauigkeiten. Eine numerische Möglichkeit, ein Modell auf Konsistenz hin zu überprüfen, besteht in der Anwendung des Gesetzes von Euler /16/. So gilt beispielsweise für jedes konvexe Polyeder, das aus f Flächen, k Kanten und p Eckpunkten besteht, folgender Zusammenhang:

$$f + p - k = 2$$

Das volumenorientierte Modell zeichnet sich dadurch aus, daß durch die Verknüpfung von konsistenten Grundkörpern der Ergebniskörper wiederum konsistent ist. Ferner ermöglicht es die Protokollierung von bereits aktualisierten Werkzeugvolumenspuren, so daß eine einfache Identifizierung und Korrektur fehlerhaft programmierter NC- Sätze möglich wird. Nachteilig ist, daß bei jeder Änderung des Betrachtungspunkts oder bei jedem neuen Modellierschritt alle zuvor ausgeführten Modellieroperationen erneut bearbeitet werden müssen. Dies ist notwendig, weil nur Verknüpfungsvorschriften in Verbindung mit Grundkörpern im Modell abgespeichert werden.

Die diskreten Modelle haben den Vorteil, daß sie bei zunehmender Komplexität des Werkstücks hinsichtlich der zu erzielenden Aktualisierungsgeschwindigkeit den analytischen Modellen überlegen sind (Bild 4.8).

Der hohe Speicherplatzbedarf von diskreten Modellen gegenüber analytischen Modellen bei Werkstücken geringer Komplexität kann durch Minimierung der Auflösungstoleranz reduziert werden. Wie oben bereits erwähnt, ist eine Maßkontrolle auf

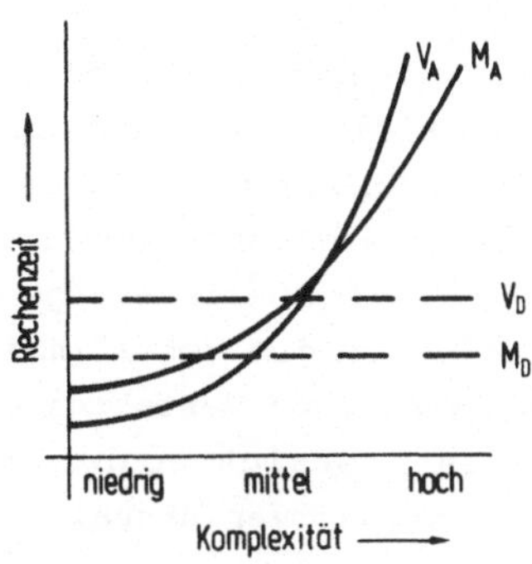

M_A ..Modellierung auf Basis analyt Modelle
M_D ...Modellierung auf Basis diskreter Modelle
V_A ...Visibilitatsanalyse auf Basis analyt. Modelle
V_D ...Visibilitatsanalyse auf Basis diskreter Modelle

Bild 4.8: Qualitativer Vergleich des Rechenzeitbedarfs zwischen untersuchten analytischen und diskreten Modellen (Basis bei diskretem Modell: 50 * 50 * 50 Rasterpunkte)

der Basis von diskreten Modellen nicht möglich. Der bei den diskreten Modellen zu erzielende Abstraktionsgrad ist jedoch für die Formkontrolle am Bildschirm ausreichend, da hier lediglich eine optische Überprüfung der Werkstückgeometrie gefordert wird.

Ein objektives Urteil über die Eignung der Modellalternativen bzgl. ihrer Verwendung in einem GSB ist nur schwer möglich, weil die in Bild 4.7 gemachte Auswahl der Kriterien und ihre Gewichtung nicht alleine für eine Gesamtbeurteilung ausreichen. So ist beispielsweise die Frage nach der Konvertierbarkeit von Modellen ein wesentliches Kriterium bei einer Simulation. Sind z.B. CAD-Ausgangsdaten von einem GSB zu übernehmen, so muß auch eine Modellkonvertierung in das für die Werkstückaktualisierung zugrunde gelegte Modell möglich sein.

Da eine enge Wechselbeziehung zwischen den Modellen und den Algorithmen zur Werkstückaktualisierung besteht, ist eine abschließende Bewertung über die Eignung eines Modells nur in Verbindung mit dem Aktualisierungsverfahren möglich. Der Rechenzeitbedarf bei Modellier- und Visualisierungsoperationen hängt wesentlich davon ab, inwieweit die vorteilhaften Eigenschaften eines Modells in dem jeweiligen Verfahren berücksichtigt werden können. Unter diesem Gesichtspunkt sollen auf Basis der dargestellten Modellalternativen Aktualisierungsverfahren entwickelt und untersucht werden.

5 Entwicklung von Verfahren zur Werkstückaktualisierung

5.1 Alternative Konzepte für die Werkstückaktualisierung

Um eine Aktualisierung auf der Basis von analytischen Modellen zu erreichen, sind prinzipiell zwei unterschiedliche Verfahren denkbar. Zur Unterscheidung sollen die Verfahren entsprechend dem zugrunde gelegten Koordinatensystem, in dem die Durchdringungsberechnung erfolgt, in Objektraum- und Bildraumverfahren klassifiziert werden. Unter Objektraum soll der euklidische Raum verstanden werden, der durch ein anwenderbezogenes, kartesisches Koordinatensystem (Weltkoordinatensystem /57/) definiert wird. Der Bildraum soll dagegen durch ein Bildraumkoordinatensystem repräsentiert werden, das zusätzlich zu jedem Bildschirmpunkt die Tiefeninformation eines Körpers erfaßt. Wie aus /58,59/ zu entnehmen ist, arbeiten beide Verfahren dann optimal, wenn für das Objektraumverfahren ein flächenorientiertes Modell, für das Bildraumverfahren ein volumenorientiertes Modell zugrunde gelegt wird (vgl. Bild 4.4).

Der prinzipielle Unterschied der beiden Verfahren soll anhand von Bild 5.1 erläutert werden.

Objektraumverfahren:

Bei dem Objektraumverfahren führt der Modellierer die Durchdringungsberechnung im Weltkoordinatensystem durch, so daß die Genauigkeit der geometrischen Berechnungen nur durch die Rechengenauigkeit des Mikrorechners beschränkt ist. Der Vorgang der Modellierung läßt sich in drei Phasen einteilen:

Phase 1: Bestimmung der Durchdringungsflächen VI_i des Verknüpfungskörpers, die sich innerhalb des Basiskörpers befinden (vgl. Bild 5.1).

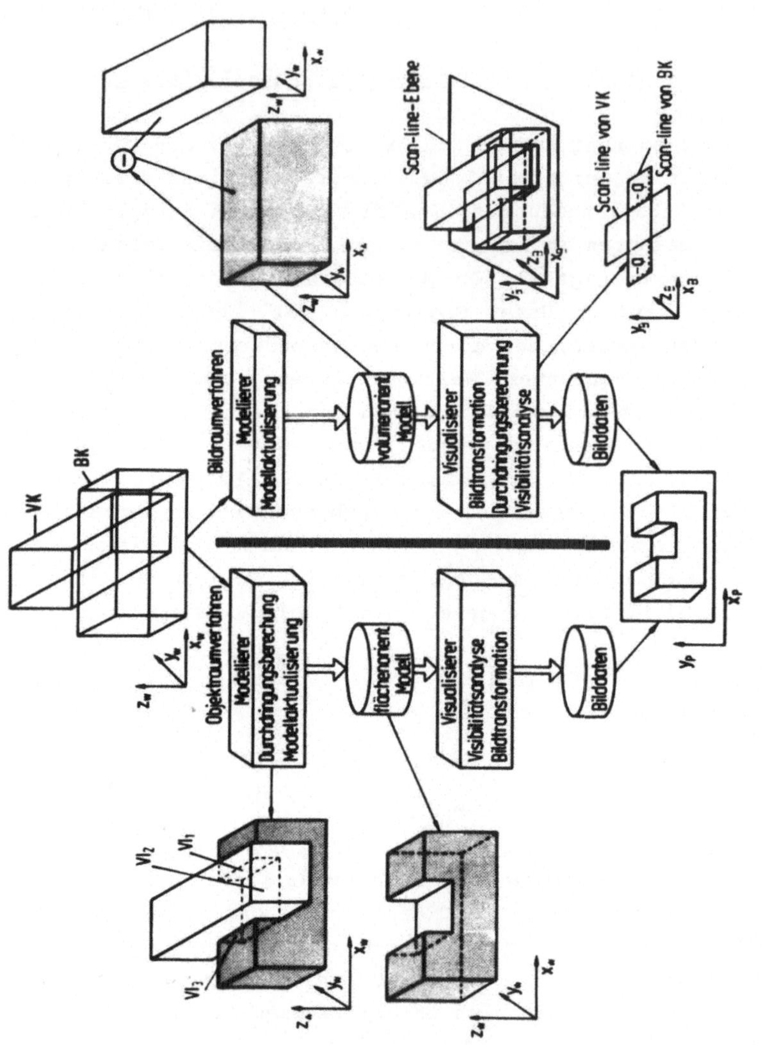

Bild 5.1: Zeitliche Reihenfolge und Zuordnung der Aufgaben bei einer Werkstückaktualisierung

Phase 2: Ermittlung der Flächen des Basiskörpers, die außerhalb des Verknüpfungskörpers liegen.

Phase 3: Aktualisierung der Topologie des Basiskörpers im Modell.

Da die modellierten Flächen eines Körpers akkumulativ in der Datenbasis vorliegen, reduziert sich die Aufgabe des Visualisierers auf die Eliminierung verdeckter Flächen sowie deren Projektion auf die Bildschirmebene.

Bildraumverfahren:

Der Rechenzeitanteil bei dem Bildraumverfahren, der durch die Modellierung entsteht, ist vernachlässigbar gering, da die Modellaktualisierung lediglich aus der Speicherung der Operanden und Mengenoperatoren besteht (vgl. Bild 4.4). Eine Verschneidung der im Modell gespeicherten Operanden zur Berechnung der Durchdringungsflächen VI_i unterbleibt, so daß die Flächen des modellierten Körpers nicht aktualisiert vorliegen. Stattdessen übernimmt der Visualisierer die Aufgabe der Durchdringungsberechnung. Die Durchdringungsoperationen erfolgen für jeden Bildschirmpunkt (Pixel) bzw. Bildschirmzeile (scan line). Folgende Phasen sind z.B. bei einem zeilenweisen Vorgehen zu unterscheiden:

Phase 1: Transformation der Operanden des Modells in das Bildraumkoordinatensystem.

Phase 2: Zeilenweise Zerlegung aller Operanden in Schnittpolygone parallel zur x-z-Ebene des Bildraumkoordinatensystems.

Phase 3: Boolesche Subtraktion der erzeugten Schnittpolygone.

Phase 4: Zeilenweise Darstellung der sichtbaren Polygonabschnitte mit entsprechender Schattierungsfarbe.

Bewertung

Der Rechenzeitbedarf für die Durchdringungsberechnung ist bei dem Bildraumverfahren wegen folgender Gründe im allgemeinen geringer als bei dem Objektraumverfahren:

- Reduktion der Komplexität

  Die Berechnung einer dreidimensionalen Schnittkante zweier Flächen erfolgt in der Ebene. Die Durchdringung wird bildpunktweise bzw. bildzeilenweise berechnet, wozu keine hohen Anforderungen an die Algorithmen gestellt werden (vgl. Bild 5.1).

- Reduktion der Genauigkeit

  Das Prinzip beruht auf dem Grundgedanken, daß die Modellgenauigkeit bei der grafischen Darstellung nicht höher sein muß als die Auflösung des Bildschirms. Die Durchdringungskurven und -flächen sind daher nur so genau zu berechnen, daß die Rechenungenauigkeit unter der Sichtbarkeitsgrenze bleibt. Inkonsistenzen haben keine größeren Auswirkungen auf nachfolgende Modellieroperationen, da die Modelldaten nur zur Darstellung benötigt werden. Hieraus resultiert, daß sich Fehler bei der Durchdringungsberechnung nicht fortpflanzen können.

- Ausnutzung von Kohärenzen

  Die mathematischen Berechnungen reduzieren sich, wenn die Tatsache bei der Werkstückaktualisierung programmtechnisch genutzt wird, daß die Flächen eines Körpers einen logischen Zusammenhang haben und daher bei der Abbildung auf dem Bildschirm von Bildschirmzeile zu Bildschirmzeile kohärieren.

Wird die Durchdringung in Verbindung mit einem Visibilitätsprinzip, wie z.B. mit einem Ray-casting-Verfahren /59/ oder

Scane-line-Verfahren /60/ (Bild 5.1) ermittelt, arbeitet das Bildraumverfahren besonders effizient und ist insbesondere bei der interaktiven Eingabe von analytisch beschreibbaren Körpern dem Objektraumverfahren überlegen /60/. Die Teilaufgaben bei der Visibilitätsuntersuchung entsprechen zum großen Teil auch den Teilaufgaben der Durchdringungsberechnung, so daß diese Aufgaben nur einmal bearbeitet werden müssen.

Aus der Anwendung des Bildraumverfahrens auf die Werkstückaktualisierung bei komplexen Bearbeitungsverfahren ergeben sich schwerwiegende Nachteile. In den unten aufgeführten Fällen steigt der Rechenzeitbedarf gegenüber dem Objektraumverfahren überproportional an:

- Das NC-Programm besteht aus vielen NC-Sätzen. Obwohl durch die Einführung von Fensterbereichen, z.B. durch rekursive Unterteilung der Modellierbereiche mit Hilfe von binären Bäumen /61/, das Ansteigen der Rechenzeit mit zunehmender Baumgröße etwas verlangsamt wird, nimmt die Rechenzeit für die Werkstückaktualisierung trotzdem überproportional zu.
- Ein komplexes Fertigteil soll bemaßt werden.
- Der Betrachtungspunkt wird während der Simulation häufig verändert.
- Ein leistungsfähiger Bildschirm steht nicht zur Verfügung. Wie Untersuchungen ergeben, liegt dann die Transferzeit zwischen Rechner- und Grafiksystem bei einer seriellen Datenschnittstelle höher als die eigentliche Rechenzeit für die Berechnung der verdeckten Flächen. Diese Transferzeit ist bei der Erzeugung schattierter Bilder besonders hoch, weil lediglich Bildschirmpunkte oder - zeilen mit Farbattributen dem Grafiksystem übergeben werden.

Aus diesen Gründen ist eine universelle und kostengünstige Lösung mit dem Bildraumverfahren nicht möglich. Daher kommt nur das Objektraumverfahren für eine Werkstückaktualisierung in Frage. Da die heute bekannten Objektraumverfahren für die Darstellung von komplexen Bearbeitungsvorgängen jedoch auch noch keine akzeptablen Simulationsgeschwindigkeiten zulassen, müssen neue Lösungsansätze entwickelt werden.

5.2 Erweiterte Anforderungen für ein analytisches, simulationsgerechtes Geometriemodell

Eine weitergehende Analyse der Objektraumverfahren zeigt, daß für den hohen Rechenzeitbedarf nicht in erster Linie die Algorithmen zur Berechnung von Durchdringungsflächen VI_i (vgl. Bild 5.1) verantwortlich sind. Es sind vielmehr die Algorithmen, die sich im Falle der Modellierung mit der Ermittlung des Durchdringungsgebiets, und im Falle der Visibilitätsanalyse mit dem geometrischen Sortieren von verdeckten Flächen befassen. Der Rechenaufwand hierzu kann drastisch reduziert werden, wenn das zugrunde liegende Modell folgende Anforderungen erfüllt:

- Das Modell erlaubt eine schnelle Eingrenzung des Durchdringungsgebietes.
- Die Topologie eines Körpers ist im Modell in der Weise aufgebaut, daß ein geometrisches Sortieren für die Visibilitätsanalyse sich auf die nach einer Modellierung geänderten Flächen reduziert.

Der Rechenzeitbedarf reduziert sich erheblich, wenn lediglich Flächen, die unmittelbar um das Durchdringungsgebiet angeordnet sind, untersucht werden. Betrachtet man das in Bild 5.2 dargestellte Beispiel, so liegt das Durchdringungsgebiet in der Fläche F_9. Aus der Literatur sind Verfahren bekannt, bei denen das Problem der Bestimmung des potentiellen Durchdringungsgebietes nicht über das Modell, sondern über sogenannte Filterverfahren gelöst wird. Um die relevanten Flächenpaarungen auszufiltern, die für eine potentielle Durchdringung in Frage kommen, werden sogenannte Minmax-Tests durchgeführt /38/. Die minimale und maximale Ausdehnung jeder Fläche und Kante wird hierbei in einer Koordinatenebene über ein Hüllrechteck ermittelt. Diese Filterverfahren weisen jedoch zwei wesentliche Nachteile aus. Zum einen stellen diese Verfahren keine hinreichende Bedingung für Flächendurchdringungen dar. Durch die Minmax-Tests wird eine Durchdringung von Hüllrechtecken, nicht aber von den untersuchten Flächen erkannt. Zum anderen muß jede Fläche des Basiskörpers mit jeder Fläche des Verknüpfungskörpers betrachtet werden, so daß allein schon durch die grobe Abschätzung der Maximalwerte bei einem Körper die Rechenzeit wesentlich erhöht wird.

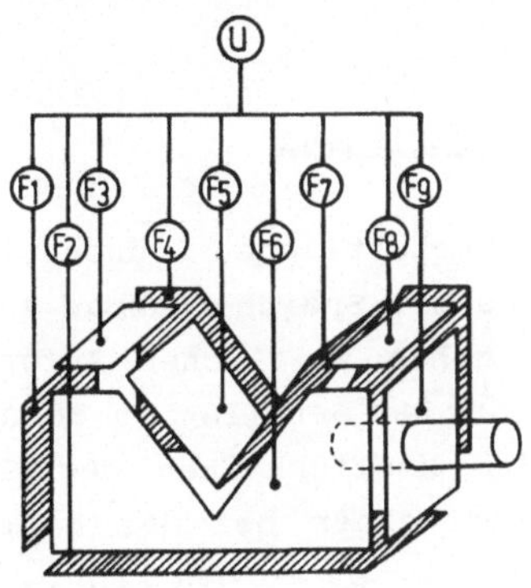

F_i ... Flächen

Ⓤ ... Vereinigungsmenge

Bild 5.2: Beispiel für erweiterte Anforderungen an das Modell

Ist die zweite Forderung erfüllt, muß nach der Modellierung an den unveränderten Bereichen des Basiskörpers keine erneute Visibilitätsanalyse vorgenommen werden, da eine eventuelle Verdeckung durch benachbarte Flächen bereits bei einer vorherigen Visibilitätsuntersuchung erkannt wurde. Die relative Lage benachbarter Flächen hat sich in diesem Bereich des Körpers nicht geändert. Die Fläche F_6 liegt bei der gewählten Projektion des Körpers in Bild 5.2 weiterhin näher zur Position des

Betrachters als z.B. die Flächen F_3 oder F_5. Die Visibilitätsanalyse beschränkt sich somit auf den modellierten Bereich des Basiskörpers. Da immer nur wenige Flächen des Körpers durch die Modellierung verändert werden, ist der Rechenzeitbedarf zur Eliminierung verdeckter Flächen in diesem Bereich gering.

Für die Erfüllung der letztgenannten Anforderung soll zunächst ein geeigneter Visibilitätsalgorithmus untersucht werden, der die Grundlage für den Modellieralgorithmus bilden soll.

5.3 Auswahl eines Visibilitätsalgorithmus

Nach Abschnitt 2.2 soll aus wirtschaftlichen Gründen in der NC lediglich eine Mikrorechnerkarte mit Speicherausbau zur Verfügung gestellt werden. Um die hohen zeitlichen Anforderungen bei der Visibilitätsanalyse trotzdem erfüllen zu können, soll der Visibilitätsalgorithmus die Möglichkeiten des Grafiksystems nutzen, so daß der Mikrorechner bei der Eliminierung verdeckter Flächen wesentlich entlastet werden kann.

Die an NC eingesetzten Bildschirme sind aus Kostengründen im allgemeinen nur mit einem Grafikprozessor ausgerüstet, der die Aufgabe der Strahlführung sowie der Bearbeitung grafischer Anweisungen, wie z.B. das Zeichnen und Ausfüllen von Polygonen mit einer angewählten Farbe, übernimmt. Eine Untersuchung derzeitiger Grafikprozessoren zeigte, daß diese keine 3D-Eigenschaften unterstützen /62/. Die Eliminierung verdeckter Flächen sowie die Abbildungstransformationen auf die Bildschirmebene müssen daher durch einen Mikrorechner ausgeführt werden.

Eine Überprüfung von effizienten Visibilitätsalgorithmen /38,39,40/ ergibt, daß Verfahren nach dem Prioritätsprinzip am besten die Eigenschaften eines Grafikprozessors nutzen können.

Der Grundgedanke der Prioritätsalgorithmen beruht darauf, daß Flächen eines konvexen Körpers, die näher an einem Betrachtungspunkt liegen, von weiter entfernt liegenden Flächen nicht verdeckt werden können (Bild 5.3).

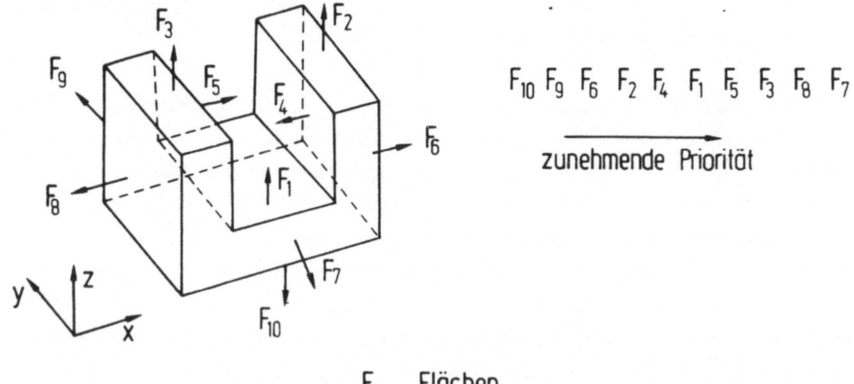

F_i ... Flächen

Betrachtungspunkt entspricht hier Position des Lesers

Bild 5.3: Prinzip eines Prioritätsalgorithmus

Die Priorität bestimmt die zeitliche Reihenfolge, in der die Flächen in Abhängigkeit von einem Betrachtungspunkt auf dem Bildschirm dargestellt werden dürfen. Das Kriterium für die Priorität ist der relative Abstand zwischen einer Fläche und einem Betrachtungspunkt. Deshalb werden in einem ersten Schritt die Flächen in einer Prioritätsliste sortiert, wobei Flächen mit niedriger Priorität weiter vom Betrachtungspunkt entfernt liegen, als die Flächen mit höherer Priorität. In einem zweiten Schritt werden die Flächen der Reihe nach, mit der niedrigsten Priorität beginnend, in das Bildschirmkoordinatensystem transformiert. Durch Angabe von Attributen, wie z.B. der Füllfarbe, werden diese Flächen schattiert, so daß Flächen höherer Priorität die Flächen niedrigerer Priorität abdecken. Der sichtbare Teil des Körpers ist am Bildschirm dargestellt, nachdem alle Flächen aus der Prioritätsliste auf diese Weise abgearbeitet wurden.

Da der Prioritätsalgorithmus nicht exakt die sichtbaren Kanten eines Körpers bestimmt, sondern nur die Priorität, ist der Rechenaufwand im allgemeinen geringer als bei den konventionellen Visibilitätsalgorithmen.

Bei der Anwendung dieses Prinzips in einem NC-integrierten GSB muß die Erstellung der Prioritätsliste immer von dem Mikrorechner der NC erfolgen. Ist die Prioritätsliste jedoch einmal erstellt, so führt der Mikrorechner nur noch die Transformation und die Ausgabe der sortierten Flächen auf die Bildschirmebene durch. Der Grafikprozessor füllt die Flächen mit einer ausgewählten Schattierungsfarbe selbständig aus, während in der Zwischenzeit der Mikrorechner wiederum die nächste auszugebende Fläche aufbereitet. Durch diese Verteilung der Aufgaben auf das Rechner- und Grafiksystem ist eine optimale Ausführungszeit zu erzielen.

Eine Erweiterung des Prioritätsalgorithmus auch auf konkave Körper ist durch den in /63/ beschriebenen Ansatz möglich.

Die bekannten Prioritätsalgorithmen /63,64,65/ haben jedoch schwerwiegende Nachteile, die bis heute größere Anwendungsbereiche ausschließen. Die Nachteile sind:

- der in der Prioritätsliste dargestellte Körper darf sich hinsichtlich der Geometrie und Topologie nicht ändern,
- bewegte Körper lassen sich mit den Prioritätslisten nicht effizient erfassen.

Der Grund hierfür liegt in der aufwendigen Erstellung der Prioritätsliste, die den weitaus größten Rechenzeitanteil der Bildgenerierungszeit ausmacht. Es ist deshalb ein Verfahren zu entwickeln, das eine dynamische Prioritätsliste erstellt und damit die oben erwähnten Nachteile ausschließt.

5.4 Entwicklung eines neuen Aktualisierungsverfahren auf der Basis von dynamischen Prioritätslisten

5.4.1 Modellierstrategie

Der Vorteil der schnellen Bildgenerierung kann für die Werkstückaktualisierung genutzt werden, wenn das Prinzip der Prioritätslisten schon bei der Modellierung berücksichtigt wird. Eine Analyse zeigt, daß die in /63/ entwickelte Prioritätsliste zur Visibilitätsanalyse die obige Vorgehensweise unterstützt. Das fundamentale Prinzip der Prioritätsliste basiert auf der Erzeugung von Teilungsebenen. Ausgehend von dem Prinzip der Teilungsebenen ist zunächst ein Körper, der nach Abschnitt 4.3.1 durch ein Polyeder abstrahiert wird, in ein Modell abzubilden. Da dieses Modell die Teilungsebenen beinhalten soll, ist eine Konvertierung des Polyeders in das Modell notwendig.

Wird eine Fläche eines Körpers zur Teilungsebene T_{Ri} erklärt und schneidet diese den Körper in zwei Teile, so befindet sich je eine Körperhälfte vor bzw. hinter der Teilungsebene. Im folgenden soll die relative Lage einer Körperhälfte zu einer Teilungsebene durch deren Flächennormalenvektor definiert werden, wobei der Normalenvektor stets nach außen aus den Körper heraus zeigt. Befindet sich eine Körperhälfte auf der Seite der Teilungsebene, in die der Flächennormalenvektor der Teilungsebene zeigt, dann liegt diese Körperhälfte vor der Teilungsebene (Bild 5.4).

Teilt die Teilungsebene den Körper nicht, so liegt der gesamte Körper vor bzw. hinter der Teilungsebene.

Wird jede Fläche des Körpers bzw. der Körperhälften, die sich jeweils vor bzw. hinter einer Teilungsebene befindet, selbst zur Teilungsebene erklärt, so kann durch die rekursive Unterteilung derjenigen Körperflächen, die noch nicht als Teilungsebenen benutzt wurden, eine geometrische Ordnung hergestellt

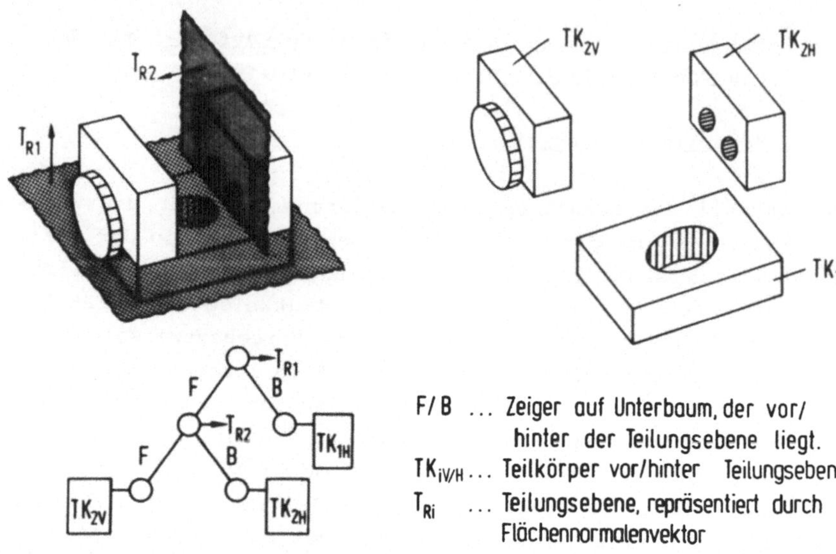

<u>Bild 5.4</u>: Definition von Teilungsebenen

werden. Diese läßt sich am zweckmäßigsten durch einen Baum zweiter Ordnung repräsentieren (vgl. Bild 5.4). Da dieser binäre Baum implizit die Teilungsebenen eines Körpers beinhaltet, soll im folgenden, analog zu /63/, der Baum als BSP-Baum (<u>B</u>inary <u>S</u>pace <u>P</u>artitioning) bezeichnet werden.

Die Knoten des BSP-Baums stellen die Verzweigungspunkte für weitere Unterbäume dar. Hat jeder Knoten höchstens einen Unterbaum, so ist dieser entartet und kann durch eine lineare Liste dargestellt werden /66/.

Jeder Knoten im BSP-Baum besteht aus drei Adreßzeigern, die

- auf die Teilungsebene T_{Ri},
- auf die vor der Teilungsebene liegenden Unterbäume FRONT_TN sowie
- auf die hinter der Teilungsebene liegenden Unterbäume BACK_TN

zeigen (Bild 5.5). Die Teilungsebenen werden durch die Knoten-

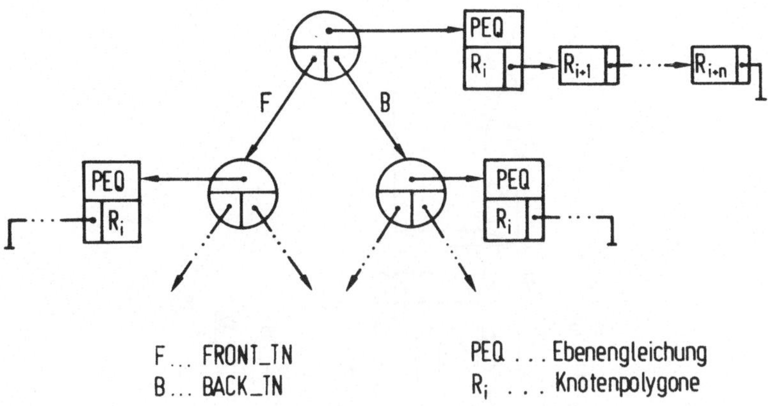

Bild 5.5: Komponenten eines BSP-Baums

polygone R_i, die Körperflächen repräsentieren, definiert. Durch diesen Baum ist die Topologie eines Körpers vollständig bestimmt.

Findet eine Modellierung statt, so sind die in Abschnitt 5.1 genannten Phasen des Objektraumsverfahren zu bearbeiten. Der prinzipielle Ablauf bei der Modellierung zweier Körper soll anhand Bild 5.6 erläutert werden.

Die Ermittlung der Durchdringungsflächen VI_i in der Phase 1 erfolgt in der Weise, daß die in den Knoten des BSP-Baums repräsentierten Flächen des Basiskörpers zu Teilungsebenen T_{Ri} definiert werden, mit denen der Verknüpfungskörper geschnitten wird. Die Ebene T_{R1} des Knotens 1 teilt z.B. den Verknüpfungskörper in die Teilkörper TK_{1V} und TK_{1H} auf. Lediglich die Flächen des Teilkörpers TK_{1H}, die hinter der Ebene T_{R1} plaziert sind, sind für die im BSP-Baum nachfolgenden Teilungsebenen relevant, da nur diese die potentiellen Durchdringungsflächen VI_i enthalten. Die Ebene T_{R2} des Knotens 2 hat keinen Einfluß auf die Flächen des zu betrachtenden Teilkörpers TK_{1H},

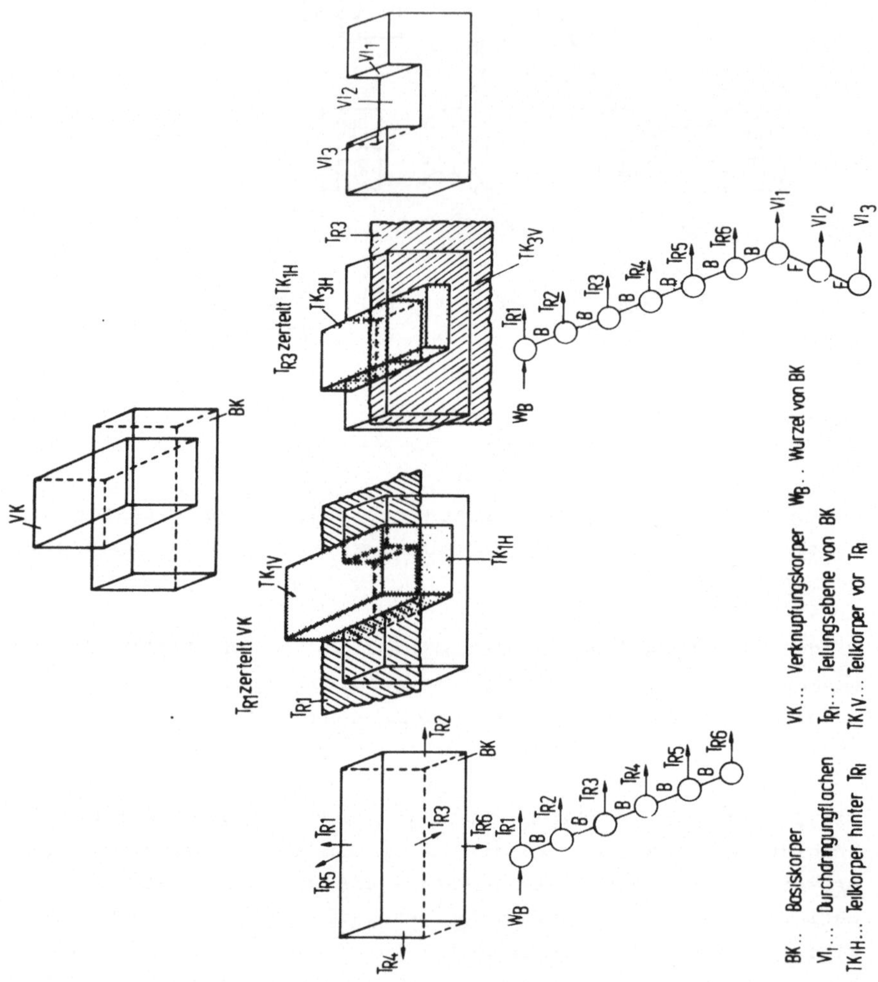

Bild 5.6: Prinzipieller Ablauf der Modellierung auf der Basis des BSP-Modells

weil diese alle hinter der Ebene T_{R2} liegen. Dagegen schneidet die Ebene T_{R3} des Knotens 3 den Teilkörper TK_{1H} in die Teilkörper TK_{3V} und TK_{3H}, wobei für die nächste Ebene T_{R4} lediglich der Teilkörper TK_{3H} relevant ist, der hinter der Ebene T_{R3} plaziert ist. Wenn alle Knoten des BSP-Baums auf diese Weise abgearbeitet sind, erhält man als Ergebnis die Durchdringungsflächen VI_1,VI_2 und VI_3.

In der Phase 2 werden die Polygone R_i, die von dem Verknüpfungskörper durchdrungen wurden, in der Weise aktualisiert, daß die Teile der Polygone R_i, die innerhalb des Verknüpfungskörpers liegen, entfernt werden.

In der Phase 3 wird die Topologie des Basiskörpers aktualisiert, indem die Durchdringungsflächen VI_i in der im Bild 5.6 dargestellten Reihenfolge an den BSP-Baum angehängt werden. Die Flächen VI_2 und VI_3 werden durch die Zeiger F repräsentiert, weil diese vor der Ebene von VI_1 liegen.

Bei einer erneuten Modellierung bilden dann die Flächen VI_i die Knotenpolygone R_i.

Die relative Lage der Körperflächen zu Teilungsebenen ermöglicht eine schnelle Eingrenzung des Durchdringungsgebietes. Wird z.B. der in Bild 5.4 dargestellte Teilkörper TK_{2H} durch eine dritte Bohrung modifiziert, so brauchen bereits bei der zweiten Teilungsebene T_{R2} die verbleibenden Flächen der Teilkörper TK_{2V} und TK_{1H} nicht mehr betrachtet werden. Insbesondere bei der Modellierung von Körpern, die sich aus vielen Flächen zusammensetzen, reduziert sich durch geschickte Anordnung der Teilungsebenen im BSP-Baum der Rechenaufwand wesentlich.

In den folgenden Abschnitten wird auf das BSP-Modell näher eingegangen, indem folgende Punkte vertieft werden:

- die Konvertierung eines Polyeders in ein BSP-Modell,
- die Bestimmung der Durchdringungflächen VI_i,

- die Ermittlung der aktualisierten Polygone R_i sowie
- die Visibilitätsanalyse.

Da die Konvertierung und die Visibilitätsanalyse eines Polyeders Grundlage des in /63/ dargestellten Prioritätsalgorithmus ist, soll hier nur insofern darauf eingegangen werden, als dies für die weiteren Untersuchungen von Bedeutung ist.

5.4.1.1 Konvertierungsprinzip

Die Konvertierung eines Polyeders in ein BSP-Modell soll anhand des in Bild 5.7 dargestellten Beispiels verdeutlicht werden. Der Einfachheit halber wird die Vorgehensweise mittels dem in Bild 5.7 gezeigten Schnittpolygon erläutert, wobei jede Strecke des Polygons in der Zeichenebene als räumliches Polygon zu betrachten ist. Die Teilungsebenen erscheinen dadurch im Schnittbild als Strecken.

Ein Polyeder ist durch seine Polygone zu beschreiben, wobei die einzelnen Polygone ungeordnet in der Polygonliste POLY_LIST abgespeichert sind. Bei der Konvertierung wird ein beliebiges Polygon aus der Liste POLY_LIST ausgewählt und als Teilungsebene T_{Ri} definiert. Dieses Polygon bildet die Wurzel des BSP-Baums. Die verbleibenden Polygone der Liste POLY_LIST werden geprüft, auf welcher Seite sie bzgl. der Ebene T_{Ri} liegen. Polygone aus der Liste POLY_LIST, die vor der Ebene T_{Ri} plaziert sind, werden in die Unterliste FRONT_LIST, solche hinter der Ebene T_{Ri} in die Unterliste BACK_LIST eingetragen. Schneidet ein Polygon die Ebene T_{Ri}, so ist dieses in zwei Teile zu zerlegen, wobei die erzeugten Polygonhälften entsprechend ihrer Lage bzgl. der Ebene T_{Ri} in die Unterlisten abgespeichert werden. Die Unterliste FRONT_LIST wird durch den Adreßzeiger des Unterbaums FRONT_TN, die Unterliste BACK_LIST durch den Adreßzeiger des Unterbaums BACK_TN verzeigert. Dieser Vorgang wird nun rekursiv wiederholt, indem aus jeder dieser Unterlisten ein Polygon ausgewählt wird, das die Wurzel und damit die neue Ebene T_{Ri} für einen nachfolgenden Unterbaum

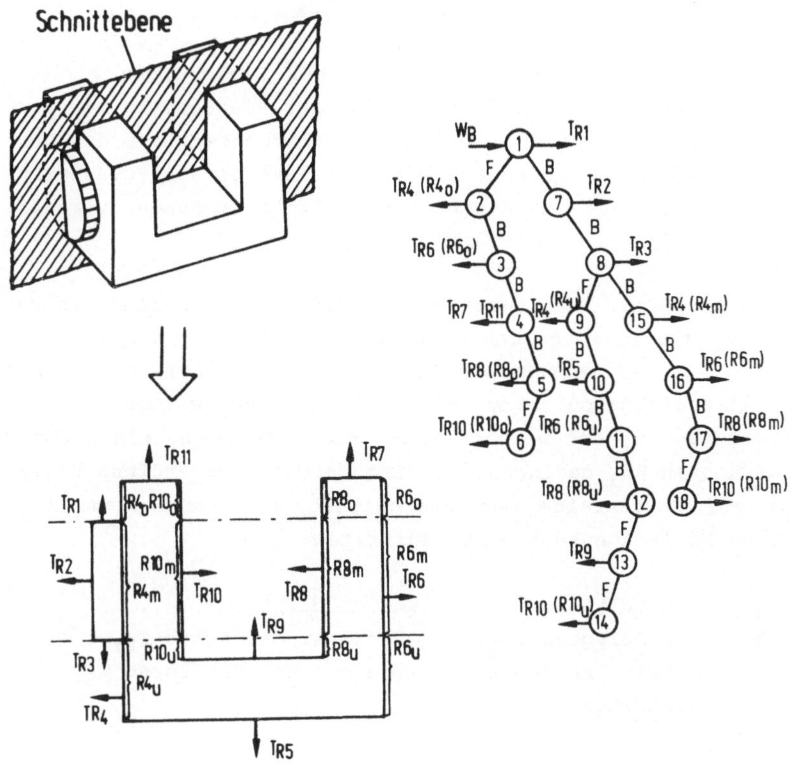

Bild 5.7: Prinzip der Konvertierung in ein BSP-Modell

bildet. Die verbleibenden Polygone einer Unterliste werden wiederum bzgl. ihrer Lage zur neuen Ebene T_{Ri} geprüft und in neue Unterlisten abgespeichert.

Der Konvertierungsvorgang ist dann beendet, wenn in den Unterlisten FRONT_LIST und BACK_LIST keine Polygone mehr enthalten sind.

5.4.1.2 Algorithmus zur Erkennung von Durchdringungen und zur Berechnung von Durchdringungsflächen

Wird, wie in Bild 5.6 dargestellt, der Basiskörper mit dem Verknüpfungskörper modelliert, so ist der BSP-Baum in der Form zu modifizieren, daß einerseits alle Flächenbereiche des Verknüpfungskörpers, die innerhalb des Basiskörpers liegen, durch Hinzufügen von weiteren Knoten und damit Unterbäumen zu realisieren sind.

Bei der Ermittlung der Durchdringungflächen VI_i bilden die Polygone R_i die Teilungsebenen für den Verknüpfungskörper. Alle Polygone VP_i des Verknüpfungskörpers sind unsortiert in einer Polygonliste abgespeichert. Diese Polygone VP_i werden dahingehend untersucht, auf welcher Seite sie sich bzgl. einer Ebene T_{Ri} am Knoten KN_i befinden. Das Ergebnis dieser Prüfung beeinflußt die Reihenfolge der Bearbeitung des Baumknotens KN_i. Folgende Fälle können hierbei auftreten:

Fall 1: Alle Polygone VP_i liegen vor der Ebene T_{Ri}.
Fall 2: Alle Polygone VP_i liegen hinter der Ebene T_{Ri}.
Fall 3: Einzelne Polygone VP_i werden durch die Ebene T_{Ri} geschnitten.

Unter der Voraussetzung, daß der Verknüpfungskörper VK konvex ist, lassen sich die oben genannten Fälle mathematisch einfach handhaben.

Liegt Fall 1 vor, dann werden alle Polygone VP_i in die Liste FRONT_LIST abgelegt. Ist zusätzlich die Bedingung, daß ein Unterbaum FRONT_TN existiert, erfüllt, so muß nur noch der Unterbaum FRONT_TN mit den Polygonen VP_i bearbeitet werden. Existiert kein Unterbaum FRONT_TN, so ist zu diesem Zeitpunkt bereits bekannt, daß alle Polygone VP_i disjunkt mit den nachfolgenden Unterbäumen sind. Hieraus resultiert, daß eine Durchdringung von Basis- und Verknüpfungskörper nicht vorliegt. Der BSP-Baum muß nicht weiter durchlaufen werden, da die nachfolgenden Unterbäume nicht mehr verändert werden.

Liegt Fall 2 vor, dann werden analog zu Fall 1 alle Polygone VP_i in die Liste BACK_LIST abgespeichert. Ist die Bedingung, daß ein Unterbaum BACK_TN existiert, erfüllt, so muß lediglich der Unterbaum BACK_TN mit den Polygonen VP_i bearbeitet werden. Ist die Bedingung nicht erfüllt, so werden die Polygone VP_i am Endknoten des Unterbaums BACK_TN angehängt. Die Baumerweiterung besteht aus einem entarteten Unterbaum. Die Polygone VP_i entsprechen dann den Durchdringungsflächen VI_i.

Der Fall 3 charakterisiert eine Durchdringung beider Körper, falls VP_i im Definitionsbereich von Polygon R_i liegt. Wird auf Kollision abgeprüft, kann der Baumdurchlauf bei Erkennung von Fall 3 abgebrochen werden. Bei einer Modellierung erfordert dieser Fall jedoch einen höheren Rechenaufwand, weil die Polygone VP_i an der Ebene T_{Ri} in zwei Teile zu zerlegen sind. Diese Polygone werden in vor und hinter der Teilungsebene liegende Polygone geteilt und in die Listen FRONT_LIST und BACK_LIST abgelegt.

Existiert ein Unterbaum in FRONT_TN, so werden zuerst alle Polygone aus FRONT_LIST, die vor der Ebene T_{Ri} liegen, nach der gleichen Vorgehensweise wie im Fall 1 bearbeitet. Falls der Unterbaum FRONT_TN nicht existiert, so sind nur noch die Polygone aus BACK_LIST, die sich hinter der Ebene T_{Ri} befinden, zu bearbeiten. Unter der Voraussetzung, daß nur hinter der Ebene T_{Ri} liegende Unterbäume existieren, sind alle Durchdringungsflächen VI_i in BACK_LIST enthalten. Diese sind wie im Fall 2 am Endknoten des Unterbaums BACK_TN anzufügen.

Die oben beschriebene Vorgehensweise wird durch das in Bild 5.8 dargestellte Beispiel verdeutlicht.

Nachdem die Unterlisten FRONT_LIST und BACK_LIST abgearbeitet sind, ist damit die Topologie des modellierten Basiskörpers vollständig durch den BSP-Baum repräsentiert. Parallel zu der

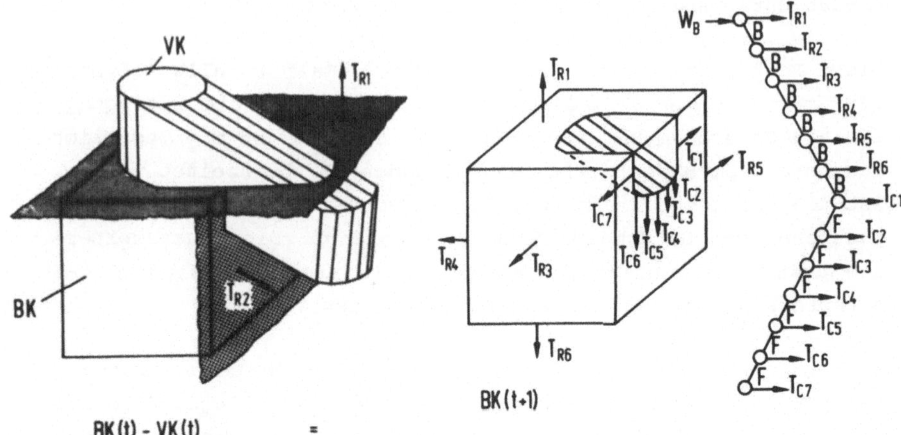

Bild 5.8: Ermittlung der Durchdringungsflächen und Ablauf der topologischen Aktualisierung des BSP-Baums

Ermittlung der Durchdringungsflächen VI_i wird eine Aktualisierung der Polygone R_i durchgeführt, deren Ebene T_{Ri} den Verknüpfungskörper aufteilen.

5.4.1.3 Untersuchung von Algorithmen zur Aktualisierung von Knotenpolygonen

Für die Aktualisierung der Polygone R_i kommen zwei Verfahren in Betracht:

a) Aufteilung des Polygons R_i durch die Ebenen des Verknüpfungskörpers,

b) Ermittlung der Durchdringungskontur.

Unter dem Gesichtspunkt eines geringen Rechenzeitbedarfs sollen beide Verfahren untersucht und bewertet werden.

Verfahren a):

Dieses Verfahren wird anhand des Bildes 5.9 erläutert. Die Polygone VP_i des Verknüpfungskörpers sind als Strecken dargestellt.

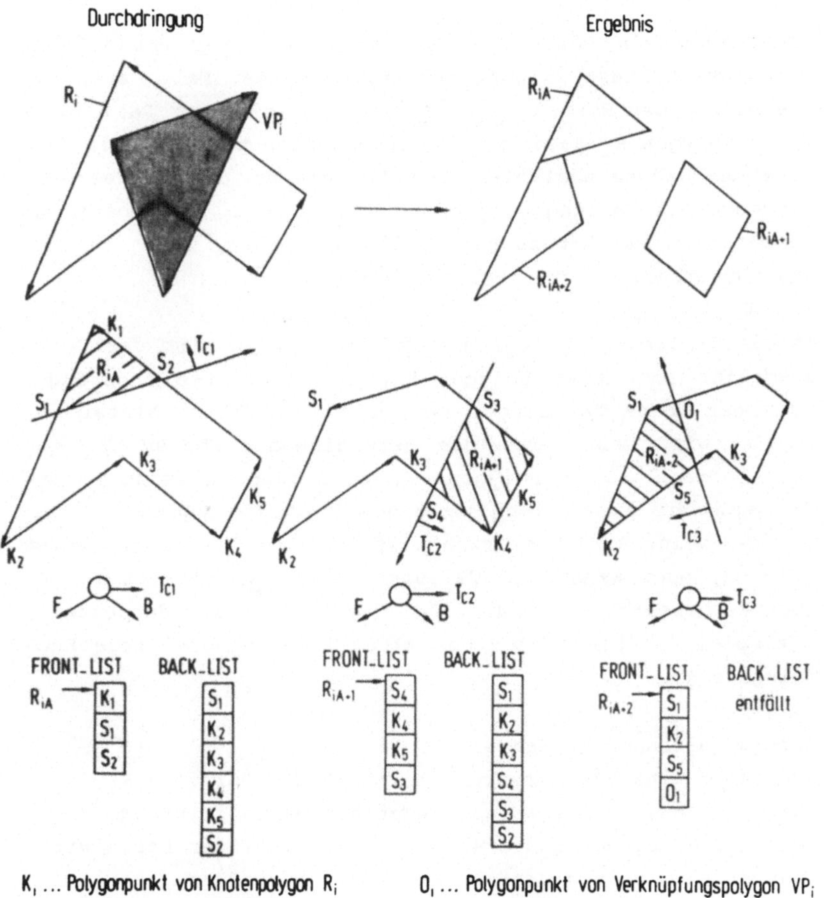

Bild 5.9: Aufteilung des Polygons R_i durch die Teilungsebene T_{Ci}

Im Gegensatz zu der Bestimmung der Durchdringungsflächen VI_i werden alle Ebenen des Verknüpfungskörpers zu Teilungsebenen T_{Ci} erklärt. Befindet sich ein Polygon R_i vollständig vor der Ebene T_{Ci}, so ist ein gültiges Polygon R_{iA} gefunden und kann an den Knoten KN_i angehängt werden.

Befindet sich ein Polygon R_i vollständig hinter einer Ebene T_{Ci}, so ist zunächst zu untersuchen, ob dieser Fall auch auf die verbleibenden Ebenen T_{Ci} zutrifft. Ist dies der Fall, dann wird das Polygon R_i gelöscht. Beispielsweise tritt dieser Fall bei der Werkstückaktualisierung auf, wenn der Durchmesser einer bestehenden Bohrung vergrößert werden soll. Die Ebene T_{Ri} und damit auch der Knoten kann gelöscht werden, wenn ein entarteter Unterbaum folgt (vgl. Abschnitt 5.4.2.3).

Teilt die Teilungsebene T_{Ci} das Polygon R_i, so wird der Polygonabschnitt als neues Polygon R_{iA} an den Knoten angehängt, der vor der Ebene T_{Ci} liegt. Der Polygonabschnitt hinter der Ebene T_{Ci} wird dann gegen die verbleibenden Ebenen T_{Ci} zum Schnitt gebracht. Alle Polygone R_i am Knoten KN_i sind ermittelt, wenn bei einem Schnitt eines Knotenpolygons mit den Ebenen T_{Ci} keine Polygone erzeugt werden, die hinter der Ebene T_{Ci} liegen, oder wenn alle Teilungsebenen T_{Ci} bereits an dem Polygon R_i geschnitten wurden. Bei dem in Bild 5.9 dargestellten Beispiel entstehen nach der Aktualisierung drei neue Knotenpolygone R_{iA}.

Die Vorteile dieses Verfahrens sind:

- Waren bereits vor der Aktualisierung die Polygone R_i konvex, so sind sie es auch nach der Aktualisierung.
- Das Ausfüllen von konvexen Polygonen mit einer Farbe wird von allen modernen Grafikprozessoren ausgeführt.
- Auftretende Inkonsistenzen bei dem Schnittvorgang haben keine Auswirkungen auf die Ermittlung der Polygone R_{iA}.
- Der Algorithmus zur Ermittlung der Durchdringungsflächen VI_i (vgl. Abschnitt 5.4.1.2) kann verwendet werden, so daß kein zusätzlicher Programmieraufwand entsteht.

Die Nachteile dieses Verfahrens sind:

- Die Flächen eines Basiskörpers werden bei mehreren Modellieroperationen in viele kleine Flächensegmente unterteilt. Die Anzahl der Knotenpolygone R_i beeinflußt entscheidend die Modellierzeit, da diese proportional zu der Anzahl der Polygone R_i ansteigt.
- Die große Zahl der dann am Bildschirm auszugebenden Polygone R_i erhöht wesentlich die Bildausgabezeit.

Aus diesen beiden Gründen wird ein Verfahren entwickelt, das eine Flächenzerstückelung der Polygone R_i weitgehend vermeidet. Bei diesem Verfahren, im Fortgang Verfahren b) genannt, wird explizit die Durchdringungskontur berechnet und mit den an den Knoten KN_i angehängten Polygonen R_i verknüpft. Die Durchdringungskontur setzt sich aus den Streckenteilen von VP_i zusammen, die auf den Flächen des Basiskörpers liegen.

Verfahren b):

Es bieten sich grundsätzlich zwei Vorgehensweisen an, die Durchdringungskontur zu berechnen. Zum einen läßt sich die Durchdringungskontur aus dem räumlichen Schnitt zweier Ebenen ermitteln. Die räumlichen Ansätze sind aus der Literatur bekannt und sollen nicht weiter vertieft werden /35,37/. Nachteilig ist, daß hierzu aufwendige und zeitintensive Algorithmen notwendig sind, um den Definitionsbereich der Durchdringungskontur zu bestimmen. Wesentlich eleganter und rechenzeitgünstiger ist es, wenn die Ermittlung der räumlichen Durchdringungskontur auf die Berechnung der Kontur in einer Koordinatenebene reduziert werden kann. Das Ergebnis dieser Berechnung muß dann nur noch in den 3D-Raum transformiert werden. Diese Vorgehensweise hat den Vorteil, daß ein 2D-Verschneidungsalgorithmus zur Ermittlung der Durchdringungskontur verwendet werden kann.

Dabei soll folgende Beobachtung bei der Transformation von einem 3D-Raum auf eine 2D-Ebene für den neuen Ansatz genutzt werden: Projeziert man eine schiefe Ebene im Raum auf eine Koordinatenebene, so ist der Abbildungsfehler dann am geringsten, wenn der Winkel einer Koordinatenebene zur schiefen Ebene auch am geringsten ist. Dies bedeutet, daß dann die Koordinate des Flächennormalenvektors, die betragsmäßig am größten ist, vernachlässigt werden kann. Falls der Flächennormalenvektor negativ ist, sind die beiden signifikanten Koordinatenrichtungen zu vertauschen, um die richtige Orientierung zu erhalten. Durch die Vernachlässigung einer Koordinate ergibt sich kein zusätzlicher Rechenaufwand für die Transformation eines räumlichen Polygons auf eine Koordinatenebene.

Hinsichtlich des Rechenzeitbedarfs ist es vorteilhaft, das Polygon R_i durch ein orthogonales Hüllrechteck anzunähern (Bild 5.10). Damit werden die außerhalb des Polygons R_i liegenden Verknüpfungsflächen VP_i eliminiert, so daß lediglich die potentiellen Flächen des Verknüpfungskörpers, die das Polygon R_i durchdringen, zur Berechnung verwendet werden. Das Hüllrechteck enthält die minimalen und maximalen Koordinatenwerte des Polygons R_i. Dieses Hüllrechteck wird gegen alle Teilungsebenen von VP_i geschnitten, so daß nur die innerhalb des Verknüpfungskörpers liegenden Abschnitte des Hüllrechtecks übrigbleiben. Da der Verknüpfungskörper konvex ist, werden alle Teile des Hüllrechtecks entfernt, die nach der Verschneidung vor der Ebene T_{Ci} liegen. Das auf diese Weise erzeugte Polygon wird im nachfolgenden Klippolygon CP_i genannt.

Eine exakte Bestimmung der Schnittpunkte zwischen dem Polygon R_i und CP_i ist aufgrund der begrenzten Zahlendarstellung in einem Rechner nicht möglich. Aus den ermittelten Schnittpunkten ist nicht ersichtlich, ob eine Gerade C_i auf dem Klippolygon CP_i das Polygon R_i durchdringt oder nur tangiert. Aus diesem Grund werden die berechneten Schnittpunkte nach ihren Eigenschaften gekennzeichnet (Bild 5.10). Nach jeder Abarbeitung einer Geraden C_i muß die Folge der Punktekennungen eine

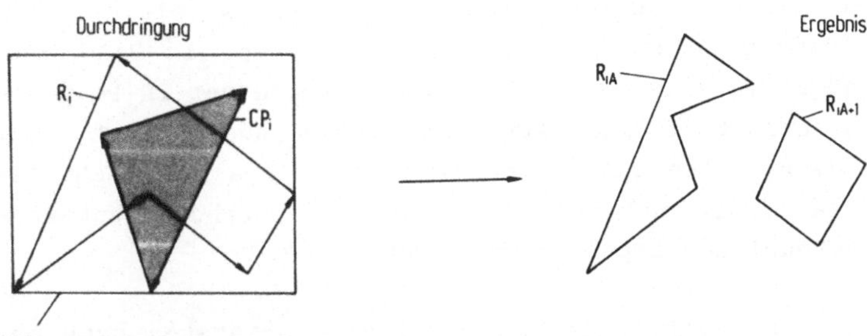

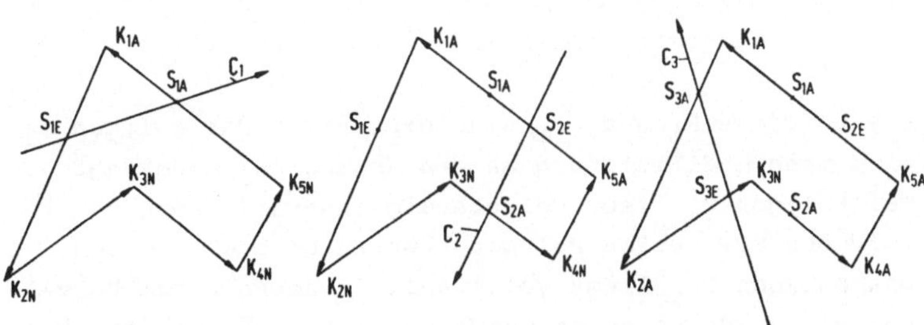

C_i ... Gerade von Klippolygon CP

K_{iA} ... Punkt liegt außerhalb des Klippolygons CP_i

K_{iN} ... Punkt noch nicht bearbeitet oder liegt innerhalb des Klippolygons CP_i

S_{iA} ... Schnittpunkt auf der Geraden C_i, die in das Knotenpolygon R_i eindringt.

S_{iE} ... Schnittpunkt auf der Geraden C_i, die das Knotenpolygon R_i verläßt.

Bild 5.10: Definition eines Hüllrechtecks

der zwei Formen haben (Darstellung in EBNF):

1. $(K_{iN}{}^{*}\ (S_{iA}\ K_{iA}{}^{*}\ S_{iE}))^{*}$ (* bedeutet, daß die Mantisse beliebig oft wiederholbar ist)

2. $(K_{iA}{}^{*}\ (S_{iE}\ K_{iN}{}^{*}\ S_{iA}))^{*}$

Auf diese Weise ist es möglich, die Schnittpunkte von tangierenden Geraden C_i zu erkennen und zu eliminieren. Werden die

Schnittpunkte in einer geometrischen Reihenfolge in das Polygon R_i und in das Polygon CP_i einsortiert, so ist als nächstes eine Verknüpfung beider Polygone durchzuführen. In Bild 5.12 wird anhand eines Beispiels die Vorgehensweise der 2D-Polygonverknüpfung erläutert. Eine korrekte Verknüpfung gelingt jedoch nur dann, wenn zuvor der Umlaufsinn des Hüllrechtecks vertauscht wird, so daß der Umlaufsinn der Durchdringungskontur des Verknüpfungskörpers negativ wird.

Bei dem im Bild 5.12 angeführten Beispiel entstehen nach der Aktualisierung der Polygone R_i konkave Polygone R_{iA}. Falls kein Schnitt zwischen den Polygonen R_i und CP_i entsteht, sind die in Bild 5.11 dargestellten Fälle zu betrachten:

Fall 1: Die Polygone R_i und CP_i sind disjunkt. Das Polygon R_i wird ohne Modifizierung an den Knoten KN_i angehängt.

Fall 2: Das Polygon R_i liegt vollständig innerhalb des Polygons CP_i. Beide Polygone können gelöscht werden.

Fall 3: Das Polygon CP_i liegt vollständig innerhalb dem Polygon R_i. Beide Polygone werden an einem ihrer Eckpunkte verbunden, wobei der Abstand dieser Eckpunkte minimal sein soll.

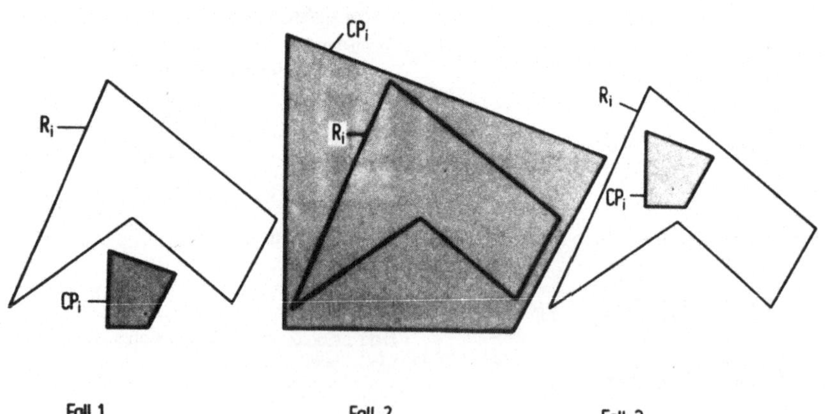

Bild 5.11: Fallunterscheidungen

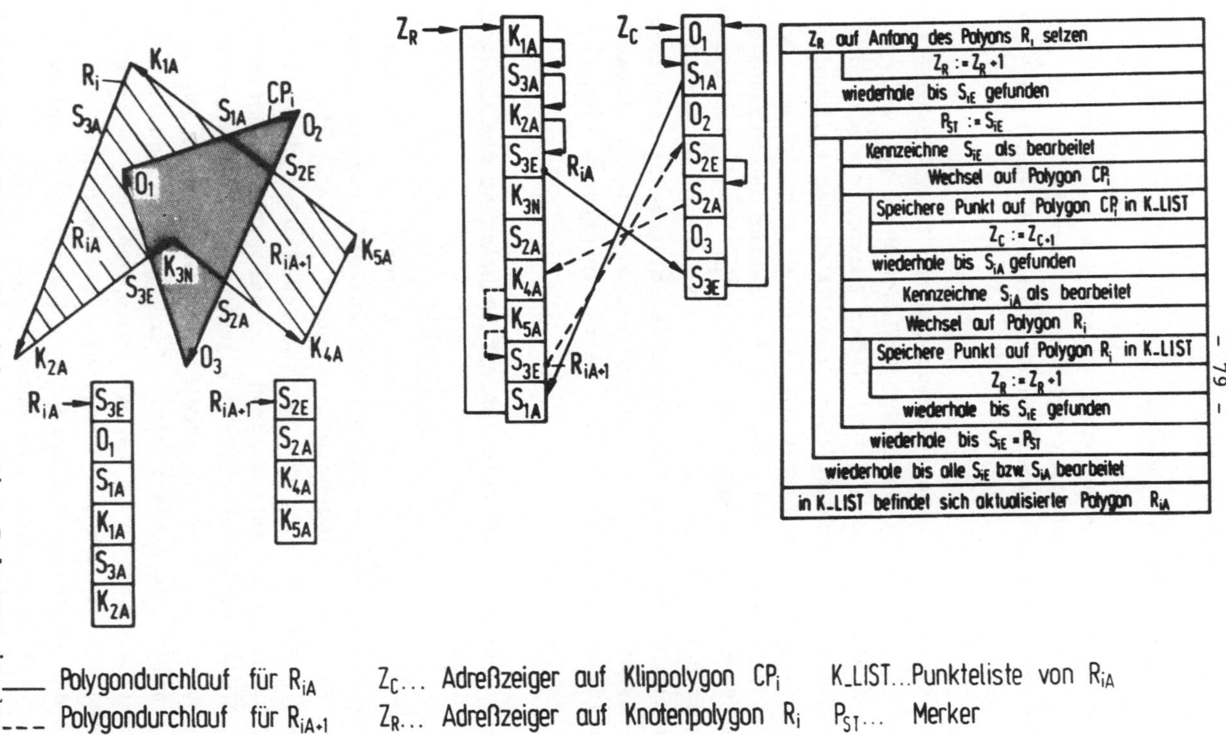

Bild 5.12: Verknüpfungsalgorithmus zweier Polygone in der Ebene

5.4.1.4 Visibilitätsanalyse

Es besteht nun die Aufgabe, anhand des BSP-Baums die Reihenfolge der auszugebenden Polygone zu ermitteln. In Bild 5.13 wird ein Beispiel eines Baumdurchlaufs dargestellt (vgl. Bild 5.6).

Welcher Unterbaum zuerst besucht wird, hängt von der Lage des Betrachtungspunkts zu einer Teilungsebene T_{Ri} ab. Bei jedem Knoten wird geprüft, ob sich der Betrachter vor oder hinter der Ebene T_{Ri} befindet. Das Ergebnis dieser Prüfung bestimmt, welcher Unterbaum zuerst abgearbeitet wird. Zuerst wird der Unterbaum durchlaufen, der vom Betrachter aus gesehen auf der gegenüberliegenden Seite der Ebene T_{Ri} liegt. Ist ein Endknoten im BSP-Baum erreicht, wird in Richtung der Wurzel der Unterbaum bearbeitet und dabei alle Polygone R_i gezeichnet, die zum Betrachter geneigt sind. Danach wird der Unterbaum durchlaufen, auf dessen Seite der Betrachtungspunkt liegt.

5.4.2 Optimierungsstrategien zur Reduzierung der Rechenzeit bei der Modellierung

In der Regel sind aufgrund der Anordnung der Polygone R_i im BSP-Baum nur wenige Flächen des Basiskörpers zu untersuchen, bis das Durchdringungsgebiet gefunden ist. Die Frage, wie schnell auf die sich durchdringenden Flächen zugegriffen werden kann, hängt entscheidend von der zurückgelegten Weglänge ab. Die Weglänge ist durch die Zahl der Verzweigungen, die von der Wurzel aus bis zum Erreichen eines Knotens KN_i zu durchlaufen sind, definiert /66/. Der Rechenzeitbedarf für eine Modellierung steigt linear mit der Anzahl der zu bearbeitenden Knoten an. Hieraus resultiert die Forderung nach der Minimierung der Weglänge. Zur Erreichung dieser Forderung sollen verschiedene Strategien untersucht werden.

BSP_AUSGABE

<table>
<tr><td colspan="2">KN_i = NIL? — NEIN</td><td>JA</td></tr>
<tr><td colspan="2">B_A liegt vor T_{Ri} ?</td><td rowspan="2"></td></tr>
<tr><td>JA
KN_i : = KN_{iB}
Aufruf BSP_AUSGABE
Berechne Lichtreflexionswinkel
Ordne Knoten einen Grauwert zu
Transformiere R_i in das Bild-Koordinatensyst.
Zeichne R_i
KN_i : = KN_{iF}
Aufruf BSP_AUSGABE</td><td>NEIN
KN_i : = KN
Aufruf BSP_AUSGABE
KN_i : = KN_{iB}
Aufruf BSP_AUSGABE</td></tr>
</table>

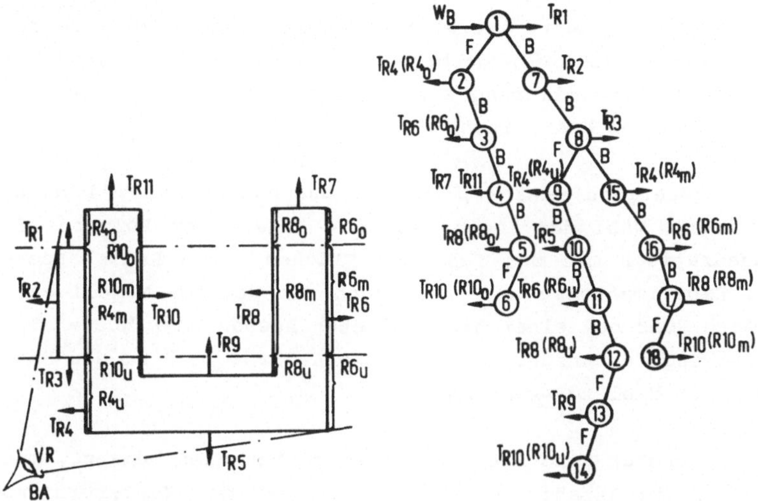

Teilungsebene	T_{R1}	T_{R2}	T_{R3}	T_{R4}	T_{R5}	T_{R6}	T_{R7}	T_{R8}	T_{R9}	T_{R10}	T_{R11}
B_A relativ zu Teilungsebene	H	V	V	V	V	H	H	V	H	H	H

Knotennummer	3	4	4	5	6	2	1	16	17	18	15	8	11	12	14	13	10	9	7
Reihenfolge der zu bearbeitenden Knotenpolygone R_i	6	7	11	8_o	10_o	4_o	1	6_m	8_m	10_m	4_m	3	6_u	8_u	10_u	9	5	4_u	2
Reihenfolge der auszugebenden Knotenpolygone R_i	-	-	-	8_o	-	4_o	-	-	8_m	-	4_m	3	-	8_u	-	-	5	4_u	2

B_A ... Betrachtungspunkt H ... hinter B_A V ... vor B_A VR ... Sichtstrahl

KN_i ... aktueller Knoten R_{iK} ... Knotenpolygon

KN_{iF} ... Knoten, der durch Zeiger FRONT_TN repräsentiert wird

KN ... Knoten, der durch Zeiger BACK_TN repräsentiert wird

Bild 5.13: Beispiel eines Baumdurchlaufs

5.4.2.1 Auswahl von Teilungsebenen

Gibt es in jedem Knotenpunkt KN_i Teilungsebenen T_{Ri}, die keine Knotenpolygone schneiden, so hat der erzeugte BSP-Baum genauso viele Knoten wie der Basiskörper Flächen hat. Werden zuerst die äußeren und danach die inneren der in Bild 5.14 durch Strecken dargestellten Polygone als Teilungsebenen T_{Ri} gewählt, so werden keine Flächen des Körpers geteilt.

Werden jedoch umgekehrt zuerst die inneren und danach die äußeren Polygone als Teilungsebenen T_{Ri} definiert, so sind bei einer späteren Modellierung eine größere Anzahl von Polygonen R_i im BSP-Baum zu bearbeiten.

Es ist theoretisch denkbar, daß im ungünstigsten Fall durch entsprechende Wahl der Ebenen T_{Ri} die Anzahl der Polygone R_i sich quadratisch mit der Zahl der Flächen eines Basiskörpers erhöht. Experimentelle Untersuchungen mit dem BSP-Modell zeigen jedoch, daß bei einer heuristischen Auswahl der Ebenen T_{Ri} eine Erhöhung der Anzahl der Polygone R_i lediglich um den Faktor zwei bis drei zu erwarten ist.

Aus der Literatur sind zwei verschiedene Methoden bekannt, mit denen sich die Anzahl der Polygone R_i bei der Konvertierung minimieren lassen. Diese werden bei der Visibilitätsanalyse eingesetzt, um die Anzahl der am Bildschirm ausgegebenen Polygone R_i gering zu halten /67/:

- Diejenigen Polygone R_i werden zu Teilungsebenen erklärt, die ihrerseits die wenigsten Polygone schneiden.
- Für die Wurzel des BSP-Baums ist die Ebene T_{Ri} zu suchen, die die meisten Polygone R_i schneidet, mit der Absicht, daß die nachfolgenden Teilungsebenen weniger Flächen des Basiskörpers durchdringen.

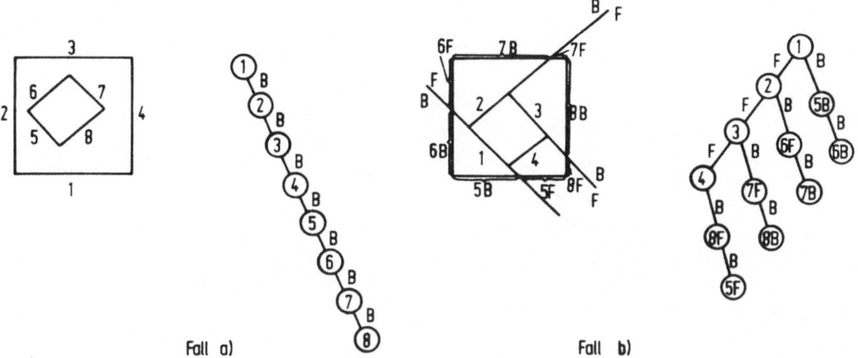

Bild 5.14: Beispiel für die Wahl von Teilungsebenen

Eine Anwendung der Methoden auf die Werkstückaktualisierung ist nicht sinnvoll, da die hierzu notwendigen Sortieralgorithmen zeitaufwendig und deshalb nur in der zeitunkritischen Phase einer Simulation, also z.B. bei der Rohteilbeschreibung in Frage kommen. Wegen der hohen Zahl der Kombinationsmöglichkeiten sind diese Methoden zudem unwirtschaftlich, so daß eine heuristische Auswahl einiger weniger Polygone als Wurzelpolygone und das nachfolgende Testen bezüglich der erreichten Baumgröße sinnvoller erscheint. Ein breitgefächerter BSP-Baum ist für die Modellierung optimal.

5.4.2.2 Definition von Hüllquadern

Die im Vorfeld der Arbeit vorgenommenen Untersuchungen ergaben, daß der BSP-Baum sich während der Modellierung nur unwesentlich verändert, wenn die ersten sechs Polygone VP_i in der Liste POLY_LIST einen Hüllquader bilden (Bild 5.15).

Die für die Modellierung relevanten Polygone R_i werden im BSP-Baum durch den Hüllquader schnell eingegrenzt, so daß nur wenige Unterbäume bearbeitet werden. Hinzu kommt, daß bei der

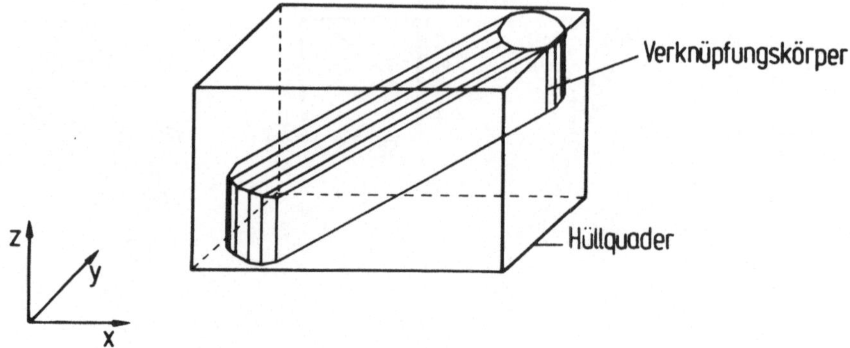

Bild 5.15: Orthogonaler Hüllquader eines Verknüpfungskörpers

Berechnung der Durchdringungskontur eine geringe Anzahl von den Polygonen R_i auf Schnitt mit den Ebenen T_{Ci} des Polygons CP_i überprüft werden müssen. Mit dieser Vorgehensweise läßt sich die Modellierung bis um den Faktor drei schneller ausführen.

5.4.2.3 Eliminierung von Unterbäumen

Durchgeführte Analysen zeigen, daß unter bestimmten Bedingungen der BSP-Baum während einer Modellierung auch verkleinert und damit optimiert werden kann. Dieser Aspekt soll im folgenden betrachtet werden.

Für die weiteren Ausführungen ist es zweckmäßig, den Begriff des konvexen Teilraums einzuführen. Der konvexe Teilraum eines Knotens KN_i wird als derjenige unendlich große Raum definiert, der entsteht, wenn man den booleschen Durchschnitt von den durch die darüberliegenden Knoten definierten Teilräume bildet. Bei einer Modellierung sind nur die Teilräume zu betrachten, in denen sich Polygone VP_i befinden.

Der Zusammenhang zwischen der BSP-Baumstruktur und den konvexen Teilräumen verdeutlicht das in Bild 5.16 dargestellte Beispiel. Aus Gründen der Übersichtlichkeit sind die Teilungsebenen des Basiskörpers auf die Ebene projeziert und als Geraden dargestellt.

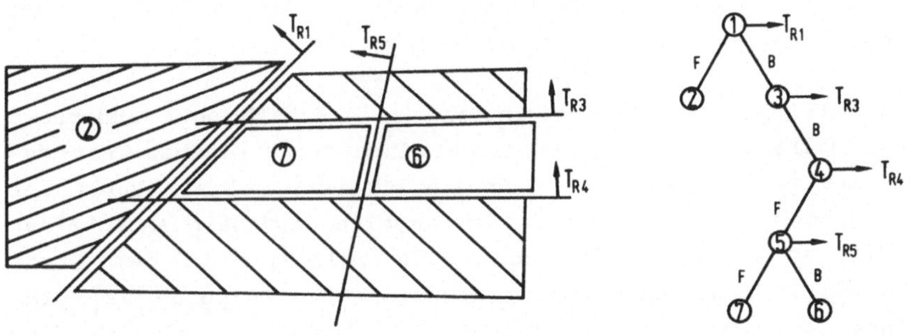

Bild 5.16: Konvexe Teilräume im BSP-Baum

Im Bild 5.16 umfaßt der Teilraum für

Knoten 1: den gesamten euklidischen Raum;
Knoten 2: den Bereich, der vor der Teilungsebene T_{R1} liegt
Knoten 3: den Bereich, der hinter der Teilungsebene T_{R1} liegt
Knoten 4: die Schnittmenge der Bereiche von Knoten 1 und 3, die hinter den Teilungsbenen T_{R1} bzw. T_{R3} liegen.

Innerhalb des aktuellen Teilraums liegen die Polygone VP_i, die entsprechend den Teilungsebenen TR_i durch die Unterbäume FRONT_TN und BACK_TN charakterisiert und jeweils in den Listen FRONT_LIST und BACK_LIST abgespeichert sind.

Falls sich entweder in FRONT_LIST oder BACK_LIST keine Polygone VP_i befinden, weil keine Schnittpunkte der Ebene TR_i mit den Polygonen VP_i existieren, dann gibt es auch für den Teilraum des entsprechenden Unterbaums keine Flächenabschnitte des Verknüpfungskörpers mehr. Dieser Unterbaum liegt daher entweder vollständig innerhalb oder außerhalb von VP_i, sonst würden sich im entsprechenden Teilraum noch weitere Polygone VP_i befinden. Das gleiche gilt für die am aktuellen Knoten angehängten Polygone, weil auch hier sonst die Polygone VP_i an der Ebene TR_i geschnitten worden wären.

Die Entscheidung, ob der Unterbaum innerhalb oder außerhalb des Teilraums liegt, kann durch einen Punkt-Flächen-Test getroffen werden. Voraussetzung hierfür ist, daß ein Punkt des Polygons R_i gefunden wird, für den sich eindeutig entscheiden läßt, ob er innerhalb oder außerhalb der in der Liste FRONT_LIST bzw. BACK_LIST abgespeicherten Polygone VP_i plaziert ist. Falls keine eindeutige Entscheidung möglich ist, weil der Punkt auf dem Polygon R_i liegt, sind Punkte des nachfolgenden Unterbaums zu verwenden, die die obige Bedingung erfüllen. Nur wenn der Punkt innerhalb von VP_i sich befindet, kann der Unterbaum gelöscht werden. Dieser Test kann vereinfacht durch die Bildung des Skalarprodukts von Flächennormalenvektor des Polygons R_i und des zu testenden Punktes durchgeführt werden, weil es sich um einen konvexen Teilraum handelt.

Falls die Listen FRONT_LIST und BACK_LIST Polygone VP_i enthalten, so durchdringt der Verknüpfungskörper die Ebene TR_i und eventuell auch die Polygone R_i. Ist letzteres der Fall, dann sind zur Berechnung der Durchdringungskontur die Polygone VP_i, die sich in der Liste BACK_LIST oder in der Liste FRONT_LIST befinden, zu verschneiden, weil sich durchdringende Polygone VP_i in beiden Listen befinden. Das Bild 5.17 zeigt hierzu ein Beispiel für die oben dargestellte Vorgehensweise.

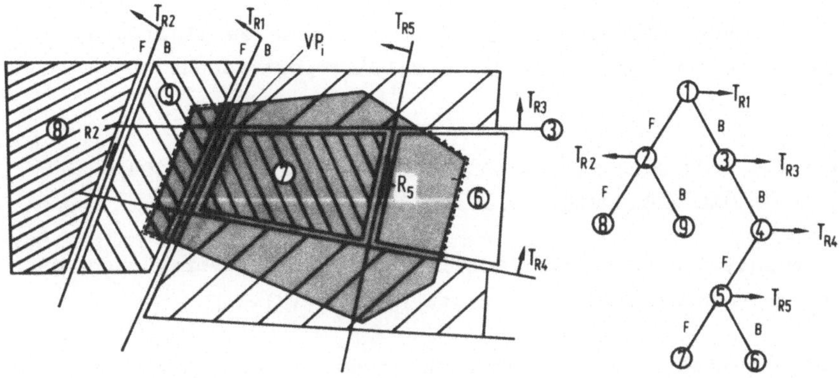

Bild 5.17: Beispiel für die Eliminierung eines Unterbaumes

Am Knoten 5 existieren die mit -+-+- markierten Abschnitte der Polygone VP_i. Diese befinden sich alle nach der Aufteilung in der Liste BACK_LIST. Das Polygon R_5 am Knoten 5 und der Unterbaum 7 liegen daher entweder vollständig innerhalb oder außerhalb des Verknüpfungskörpers. Mit dem oben erwähnten Punkt-Flächen-Test wird gegen die mit -+-+- markierten Polygonabschnitte getestet. Da ein Punkt des Polygons R_5 und somit auch das gesamte Polygon innerhalb des Verknüpfungskörpers liegt, kann das Polygon R_5 am Knoten 5 sowie der Unterbaum 7 entfernt werden.

Am Knoten 2 existieren die mit - - - markierten Polygonabschnitte. Diese befinden sich nach der Aufteilung in der Liste BACK_LIST. In der Liste FRONT_LIST befinden sich keine Polygone. Mit dem Punkt-Flächen-Test wird das Polygon am Knoten 2 und der Unterbaum 8 gegen die mit - - - markierten Polygonabschnitte getestet. Da der Punkt außerhalb des Verknüpfungskörpers ist, wird das Polygon im Knoten 2 und der Unterbaum 8 nicht verändert. Durch diese Maßnahme wird während einer Modellierung der BSP-Baum immer hinsichtlich seiner Größe optimiert.

Eine weitere Möglichkeit die Modellierzeit zu minimieren, ist die Reduktion der Anzahl der Modellieroperationen.

5.4.2.4 Reduktion der Anzahl von Modellieroperationen durch die Erzeugung von Volumenspuren

Prinzipiell gibt es zwei Möglichkeiten, einen Verknüpfungskörper mathematisch zu beschreiben (Bild 5.18).

Bei der Lösung a) erfolgt nach jedem Interpolationstakt eine Modellieroperation, wenn ein hoher Abstraktionsgrad gefordert wird und keine ausgezackten Bearbeitungskonturen am Basiskörper sichtbar sein sollen. Bei einem Interpolationstakt t = 10 ms, einem Vorschub F = 1 m/min und einer Verfahrstrecke von 100 mm sind 600 Modellieroperationen notwendig. Ein Vergleich

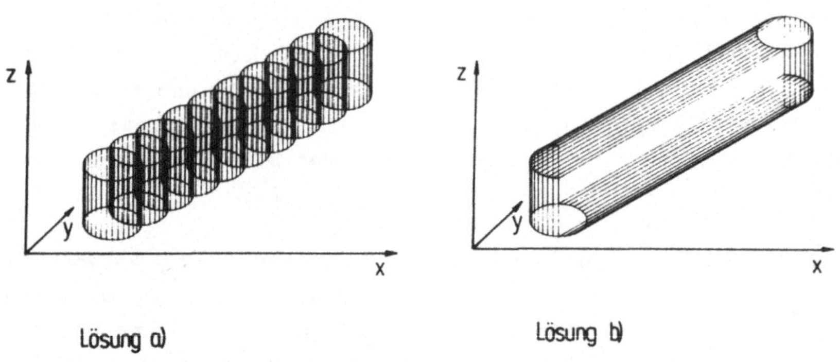

Bild 5.18: Prinzipielle Möglichkeiten für die Beschreibung eines Verknüpfungskörpers

zwischen der realen Bearbeitungszeit und einer durchschnittlichen Aktualisierungszeit von 200 ms ergibt eine um einen Faktor 20 höhere Aktualisierungszeit gegenüber der realen Bearbeitungszeit. Aus diesen Gründen ist die Erzeugung von Werkzeugvolumenspuren zwingend.

In Abhängigkeit von den Freiheitsgraden einer WZM und den programmierten Verfahrwegen sind bei einer satzweisen Modellierung alle Volumenspuren auf die in Bild 5.19 dargestellten Hüllkörper zurückführbar.

In Abhängigkeit von der Bewegungsbahn des Werkzeugs sind lineare und zirkulare Hüllkörper zu unterscheiden. Um eine einheitliche Vorgehensweise bei der Generierung von Hüllkörpern zu erreichen, soll der zirkulare Hüllkörper abschnittsweise durch lineare Hüllkörper approximiert werden (Bild 5.20).

Hierbei wird eine Kreisbahn durch ein n-Eck approximiert, wobei jede Kante als ein linearer Weg interpretiert wird. Die Hüllkörper überlappen sich an den Eckpunkten, was die Modellierzeit jedoch nur geringfügig erhöht.

Experimentelle Untersuchungen auf einer VAX 11/780 zeigen, daß die Erzeugung eines linearen Hüllkörpers zwischen 30 und 60 ms beträgt, unabhängig von der Länge der Volumenspur. Damit können bei einer abschnittsweisen Modellierung Aktualisierungszeiten erreicht werden, die erheblich niedriger liegen als die realen Bearbeitungszeiten.

Trotz der oben beschriebenen Maßnahmen sind bei einer hohen Anzahl von Polyederflächen und schnellen Satzfolgezeiten (10 ms), wie sie z.B. bei einer fünfachsigen Bearbeitung häufig auftreten /68/, keine befriedigenden Aktualisierungsgeschwindigkeiten zu erreichen. Hierzu vorgenommene experimentelle Untersuchungen zeigen, daß ein komplexes Werkstück, das z.B. aus 2000 Polyederflächen besteht, nicht mehr in einer akzeptablen

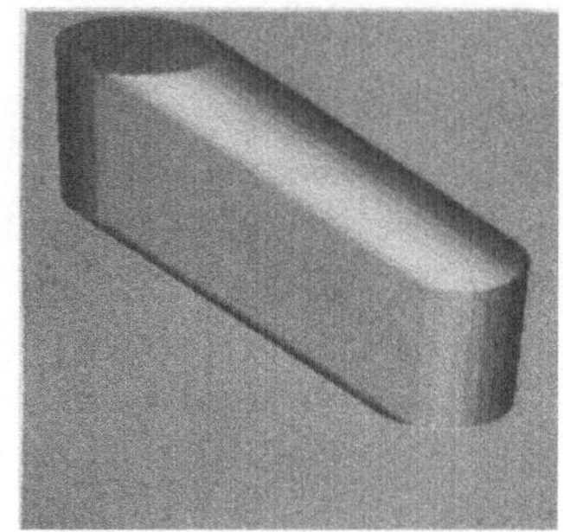

linear 3achsig

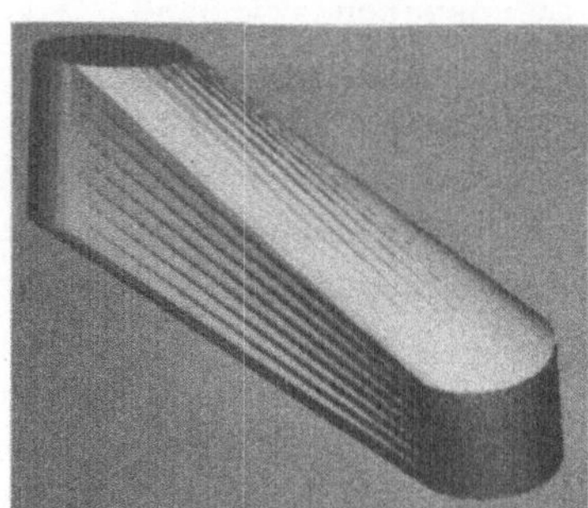

linear 5achsig

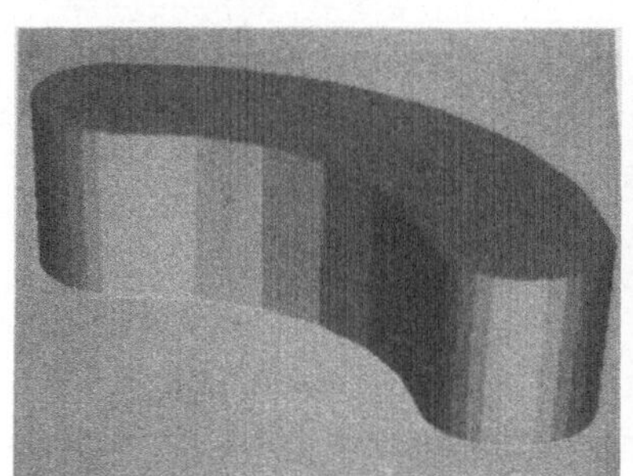

zirkular 2½achsig

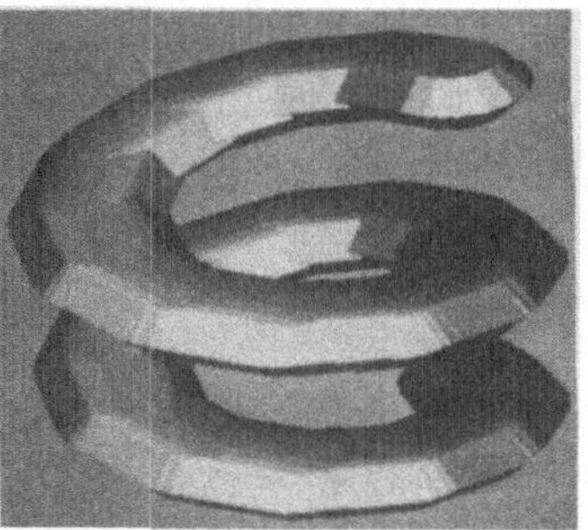

helikal 3achsig

Bild 5.19: Klassifikation von Hüllkörpern

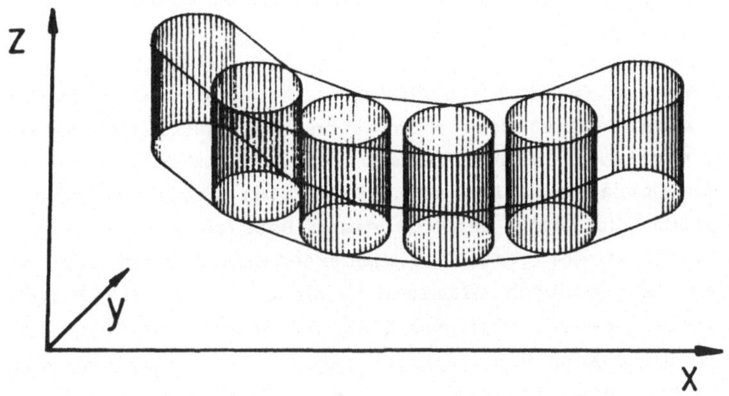

Bild 5.20: Generierung von zirkularen Hüllkörpern

Zeit (<5 s) von einem Mikrorechner aktualisiert werden kann. (Zum Vergleich besteht das in Bild 2.6e dargestellte Werkstück aus ca. 140 Polyederflächen).

Eine Reduktion der Flächenanzahl läßt sich durch die Erniedrigung des Abstraktionsgrads erreichen. Das bedeutet, daß die Abweichung der Sollgeometrie zu dem realen Werkstück größer wird. Da während der Simulation der Abstraktionsgrad von analytischen Modellen nicht verändert werden kann, sind Lösungen auf der Basis von diskreten Modellen zu untersuchen, die bei Werkstücken mit einer hohen Anzahl von Polyederflächen hinsichtlich der Aktualisierungsgeschwindigkeit günstigere Eigenschaften aufweisen (vgl. Abschnitt 4.3.3).

5.5 Aktualisierungsverfahren auf der Basis eines diskreten Modells

Eine Analyse der in Bild 4.5 dargestellten Modelle zeigt, daß sich für eine Werkstückaktualisierung die Punktmengenmodelle am besten eignen. Da eine Glättung von gekrümmten Oberflächen anhand des Octree-Modells (vgl. Bild 4.6) programmtechnisch nicht möglich ist, kann der von einem Betrachter als störend angesehene Effekt der gerastert wiedergegebenen Oberfläche eines Körpers nur dadurch eliminiert werden, wenn die Kuboide möglichst klein gewählt werden. Dies hat jedoch zur Folge, daß die Anzahl der rekursiven Unterteilungen zur Darstellung eines Körpers so groß gewählt werden muß, daß akzeptable Aktualisierungszeiten nur bei Verwendung leistungsfähiger Rechner- und Grafiksysteme erreicht werden können. Das gleiche gilt auch für die Kuboidmodelle. Gegen das Octree-Modell spricht auch das Argument, daß eine Konvertierung aus einem analytischen Modell in ein Octree-Modell und umgekehrt nur mit Einschränkungen möglich ist /69,70/. Aus diesen Gründen sollen deshalb die Punktmengenmodelle näher untersucht werden.

Wie aus Bild 5.21 ersichtlich ist, nimmt die Komplexität der Modellieroperationen mit der Dimensionalität der Grundelemente zu.

Der Speicherplatzbedarf hat die entgegengesetzte Tendenz und ist in erster Linie von der Anzahl der Grundelemente, die zur Erfassung eines Körpers notwendig sind, abhängig. Bei zunehmender Diskretisierung des Modellraums wird die grafische Darstellung von Punktmengenmodellen immer unübersichtlicher (vgl. Bild 4.5), so daß Algorithmen zur Glättung der Oberflächen, insbesondere bei den 0D- und 1D-Elementmengenmodellen entwickelt werden müssen (vgl. Abschnitt 5.5.4).

Werden die Vor- und Nachteile gegeneinander abgewogen, so vereinigt das 1D-Elementmengenmodell die meisten Vorteile in sich. Obwohl mit dem 0D-Elementmengenmodell die Modellier-

	0D-Element-mengenmodell	1D-Element-mengenmodell	2D-Element-mengenmodell
Grundelement	0 dimensional	1 dimensional	2 dimensional
Körper-darstellung	3 dimensionale Anordnung von Punkten	2 dimensionale Anordnung von Strecken	1 dimensionale Anordnung von Polygonen
Komplexität der Modellier-operationen	klein ⟶ groß		
Speicherbedarf	groß ⟵ klein		
Genauigkeit	Diskretisierung in 3 Richtungen	Diskretisierung in 2 Richtungen	Diskretisierung in 1 Richtung

Bild 5.21: Vergleich von Punktmengenmodellen

operationen rechenzeitgünstiger durchzuführen sind, überwiegen dessen Nachteile hinsichtlich der grafischen Darstellungsmöglichkeiten sowie des erhöhten Speicherplatzbedarfs. Gegenüber dem 2D-Elementmengenmodell ist das 1D-Elementmengenmodell in bezug auf den geringeren Speicherplatzbedarf für die Erfassung komplexer Werkstücke sowie der geringeren Rechenzeit bei Modellieroperationen überlegen. Darüber hinaus eignet sich das 1D-Elementmengenmodell insbesondere für die Schattierung von Körperflächen.

Das 1D-Elementmengenmodell, im folgenden kurz 1D-EM-Modell genannt, wird in den nächsten Abschnitten hinsichtlich

- Modellkonvertierung,
- Modellierung und
- Flächendarstellungsart

untersucht.

5.5.1 Modellierung auf der Basis eines 1D-Elementmengenmodells

Aus der Literatur sind zwei Anwendungen bekannt, die auf einem 1D-EM-Modell basieren /27,71/. Eine Analyse der realisierten Modellansätze hinsichtlich ihrer Anwendungsbreite zeigt, daß eine Mehrseitenbearbeitung oder eine Hinterschneidung am Werkstück grafisch nicht dargestellt werden kann. Es soll untersucht werden, inwieweit diese Einschränkungen durch einen erweiterten Modellansatz aufgehoben werden können.

5.5.1.1 Datenstruktur

Dem 1D-EM-Modell soll eine diskrete Rasterung in der x-y-Ebene zugrunde gelegt werden. Jedem Rasterpunkt ist ein Feldelement F(ij) zugeordnet, wobei sich das Element F(ij) aus einem oder mehreren wertekontinuierlichen Streckenelementen S(ij) zusammensetzt. Ein Streckenelement ist jeweils durch den z-Wert des Start- und Endpunkts gekennzeichnet. Für die rechnerinterne Darstellung eines Körpers bietet sich eine zweidimensionale Feldstruktur an, weil damit ein direkter und schneller Zugriff auf jedes einzelne Feldelement F(ij) möglich ist (Bild 5.22).

Die Streckenelemente können nun entweder dynamisch in Form einer verketteten Liste oder statisch in Form von fest reservierten Speicherplätzen definiert werden. Bei vielen Unterbrechungen eines Feldelements ist der dynamische Datentyp dem statischen vorzuziehen, weil dieser während eines Programmlaufs nur soviel Speicherplatz anfordert wie auch benötigt wird. Ist ein Feldelement F(ij) n-mal unterbrochen, so sind für dessen Beschreibung n+1 Streckenelemente S(ij) und damit 2(n+1) Koordinatenwerte notwendig.

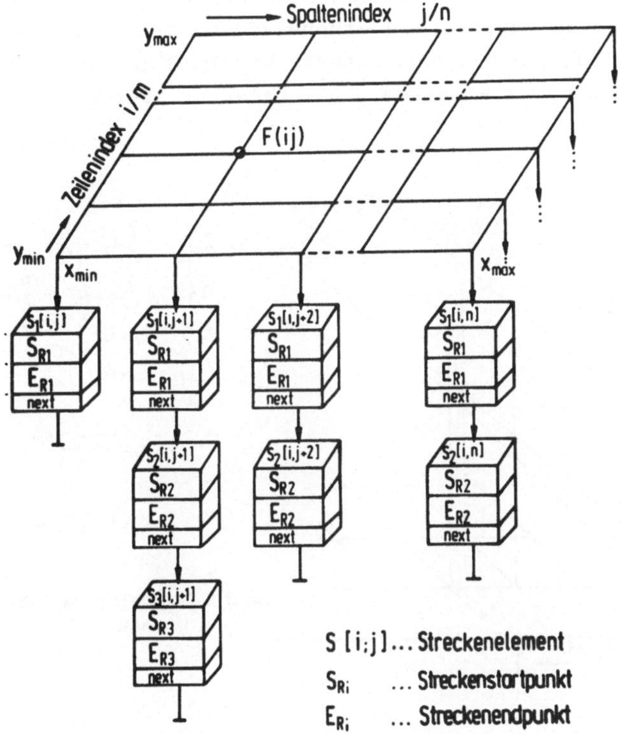

Bild 5.22: Datenstruktur des 1D-EM-Modells

5.5.1.2 Modellkonvertierung

Körper, die durch diskrete Modelle repräsentiert werden, lassen sich im Gegensatz zu analytischen Modellen nicht direkt durch ihre Geometrieelemente beschreiben, weil die Anzahl der entstehenden geometrischen Elemente ungleich höher ist. Aus diesem Grund ist es zweckmäßig, einen Körper zuerst durch ein analytisches Modell zu beschreiben und anschließend im Mikrorechner in das 1D-EM-Modell zu konvertieren.

Bei einer Konvertierung in ein diskretes Modell kann vorteilhaft die Tatsache genutzt werden, daß die Polyederflächen eines Körpers eine konstante Flächensteigung besitzen. Aus der Kenntnis der Flächensteigung können, wie in Bild 5.23 gezeigt, alle Oberflächenpunkte inkrementell berechnet werden.

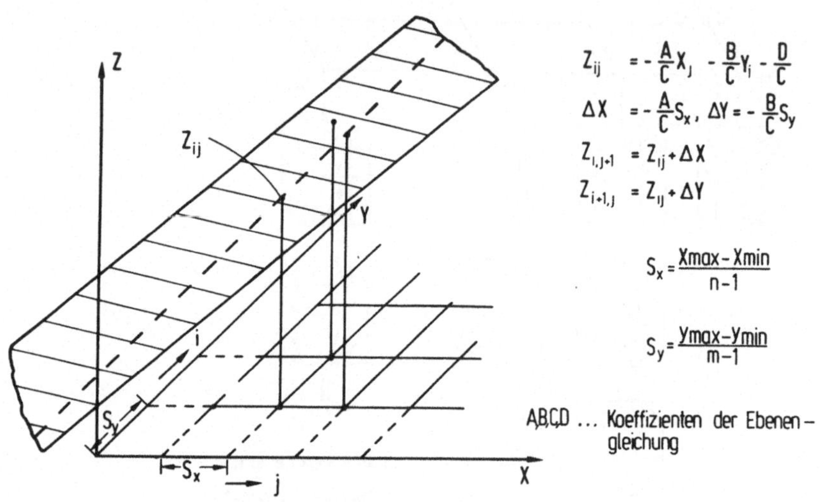

Bild 5.23: Berechnung von Streckenendpunkten auf einer Polyederfläche

5.5.1.3 Modellieroperation

Durch die Diskretisierung des Basiskörpers in zwei Koordinatenrichtungen wird die Modellierung des Körpers erheblich vereinfacht. Wird der Verknüpfungskörper ebenso diskretisiert, so ist die Modellierung auf arithmetische Vergleiche zurückzuführen, was nur geringe Anforderungen an einen Rechner stellt (Bild 5.24).

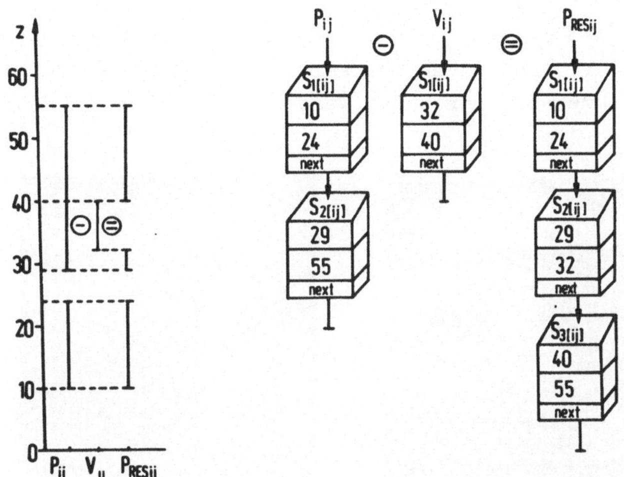

Bild 5.24: Subtraktion zweier Feldelemente

5.5.1.4 Eingrenzung des potentiellen Durchdringungsbereichs

Die Konvertierung des Verknüpfungskörpers in ein 1D-EM-Modell nimmt einen verhältnismäßig hohen Anteil an der Gesamtmodellierzeit ein. Es stellt sich daher die Frage, ob Verfahren existieren, die den Modellierbereich soweit einschränken, daß die Anzahl der zu ermittelnden Feldelemente F(ij) und damit auch die Anzahl der Modellieroperationen reduziert werden kann.

Eine grobe Eingrenzung des Modellierbereichs ergibt sich aus der Berechnung des booleschen Durchschnitts der orthogonalen Hüllquader von Basis- und Verknüpfungskörper. Existiert keine

Schnittmenge der beiden Bereiche, so ist die Konvertierung und damit auch die Modellierung nicht erforderlich.

Der Modellierbereich läßt sich wesentlich genauer eingrenzen, wenn binäre Bäume zur Darstellung der auf die x-y-Ebene projezierten Werkzeugvolumenspur verwendet werden (Bild 5.25).

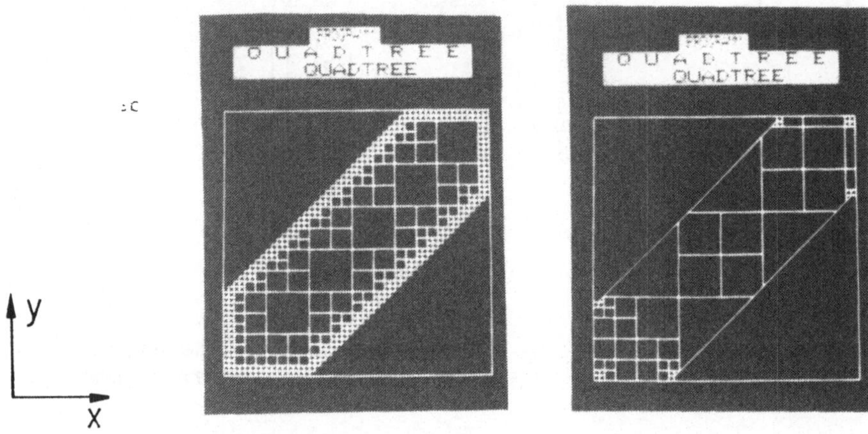

a) konventioneller Quadtree   b) optimierter Quadtree

Bild 5.25: Eingrenzung des Modellierbereichs mit Hilfe von Quadtrees

Wie in Bild 5.25a dargestellt, ist die Werkzeugvolumenspur durch Quadrate unterschiedlicher Größe approximiert. Insbesondere bei linearen Verfahrwegen, die diagonal zur x-y-Ebene verlaufen, verkleinert sich dadurch entscheidend der Konvertierungs- und damit auch der Modellierbereich. Wird jeweils eine Kante der projezierten Werkzeugvolumenspur zusätzlich zu den Quadraten abgespeichert (vgl. Bild 5.25b), so ergibt sich noch eine genauere Eingrenzung des Modellierbereichs.

Laufzeitmessungen zeigen jedoch, daß der Rechenzeitbedarf für den Aufbau von Quadtrees, die die Volumenspur annähern, so groß ist, daß sich eine grobe Eingrenzung des Modellierbereichs mittels orthogonalen Hüllquadern als vorteilhafter erweist.

Da die direkte Ausgabe der Streckenelemente S(ij) am Bildschirm unübersichtlich erscheint, sind Darstellungsverfahren zu entwickeln, die aus den Feldelementen F(ij) die Oberflächen eines Körpers generieren. In Abhängigkeit von der Darstellungsart von Flächen (vgl. Bild 2.6) sollen daher Verfahren untersucht und bewertet werden.

5.5.2 Linienorientierte Darstellung

Die linienorientierte Darstellung wird durch das zeilen- und/oder spaltenweise Verbinden von Streckenstart- bzw. Streckenendpunkten realisiert. Da die Zahl der Oberflächenpunkte im 1D-EM-Modell je nach rechnerinterner Auflösung sehr hoch sein kann, ist entsprechend auch die Anzahl der auszugebenden Linien hoch. Dies beeinflußt die Zeit für die Bilderzeugung, die sich aus der Anzahl der Grafikanweisungen sowie der vom Grafikprozessor abhängigen Bildaufbauzeit zusammensetzt. Da die Bildaufbauzeit geräteabhängig ist, soll im folgenden untersucht werden, ob Verfahren zur Reduktion der Grafikanweisungen bei der linienorientierten Darstellung sinnvoll eingesetzt werden können.

5.5.2.1 Reduktion von Grafikanweisungen mittels Approximations- und Interpolationsverfahren

Eine Möglichkeit, die Datenschnittstelle zwischen Rechner- und Grafiksystem zu entlasten, besteht darin, die Anzahl der Oberflächenlinien eines Körpers mittels Approximations- und Interpolationsmethoden zu reduzieren. Im Gegensatz zu der im

CAD-Bereich gestellten Aufgabe, aus wenigen Stützpunkten durch Kurven- oder Flächenverfahren einen möglichst hohen Abstraktionsgrad zu erreichen, ist hier die Aufgabenstellung, aus einer großen Menge von Streckenstart- bzw. Streckenendpunkten nur wenige Oberflächenlinien eines Körpers zu zeichnen.

Analysiert man die Approximations- und Interpolationsverfahren, so erkennt man, daß die Bézier-, B-Spline- und lokal interpolierenden Spline-Verfahren lediglich eine Vorgabe von Flächenstützpunkten verlangen, während bei dem Verfahren nach Coons zusätzlich zu den Eckpunkten eines Flächensegments noch die dazugehörigen Tangential- und Twistvektoren anzugeben sind /72/. Da die aktualisierte Werkstückfläche ohne Interaktion durch den Bediener auf einem Bildschirm gezeigt werden soll, scheidet das Verfahren nach Coons zur grafischen Darstellung aus. Auf die mathematische Herleitung der untersuchten Verfahren soll nicht näher eingegangen werden, statt dessen wird auf die in Abschnitt 4.3.1 angegebene Literatur verwiesen. Für den obigen Anwendungsfall der Reduktion von Oberflächenlinien aus einer Vielzahl von rechnerintern abgespeicherten Punkten sind keine vergleichenden Untersuchungen der einzelnen Verfahren bekannt. Daher wurden die in Bild 5.26 aufgeführten Verfahren auf einer VAX 11/780 implementiert, um zu ermitteln, welches Verfahren für die Visualisierung der Werkstückoberfläche am besten geeignet ist.

Bild 5.27 zeigt den Rechenzeitbedarf für die in Bild 5.27 dargestellten Verfahren. Bei den Verfahren b), c) und d) wurden jeweils fünf Stützstellen zur Gewichtung herangezogen. Wie Bild 5.27 zeigt, liegt der Rechenzeitbedarf für die Bézier-Approximation bei Verwendung weniger Stützpunkte und der Ausgabe einer geringen Linienanzahl noch im Sekundenbereich. Steigt jedoch die Stützstellenanzahl oder die Linienzahl, so erhöht sich exponentiell die Rechenzeit.

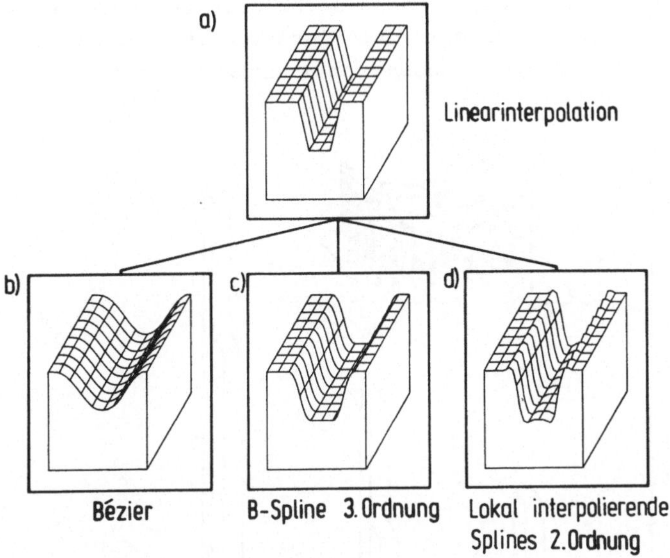

Bild 5.26: Grafische Darstellung von Oberflächenlinien mittels Approximations- und Interpolationsverfahren

Die B-Spline-Approximation ist noch rechenzeitintensiver, obwohl hier zur Berechnung nicht jeder Linienpunkt gewichtet wird. Infolge der Rekursivität des realisierten Algorithmus ist jedoch keine Zwischenspeicherung der Blendfunktionen wie im Falle der Bézier-Approximation möglich.

Invariant gegenüber der Stützstellenanzahl sind lokal interpolierende Splines. Durch den lokalen Charakter wird immer nur ein kleiner Bereich zur Gewichtung herangezogen. Der Vorteil, der sich aus der lokalen Gewichtung ergibt, reduziert den Rechenaufwand gegenüber den Bézier- und B-Spline-Verfahren. Im Vergleich zur Linearinterpolation liegt jedoch der Rechenzeitbedarf trotzdem erheblich höher.

Der Vergleich zeigt auch, daß alle höheren Verfahren einen unstetigen Kurvenverlauf glätten. Unstetigkeiten lassen sich nur interaktiv durch die Angaben von Mehrfachstützstellen realisieren.

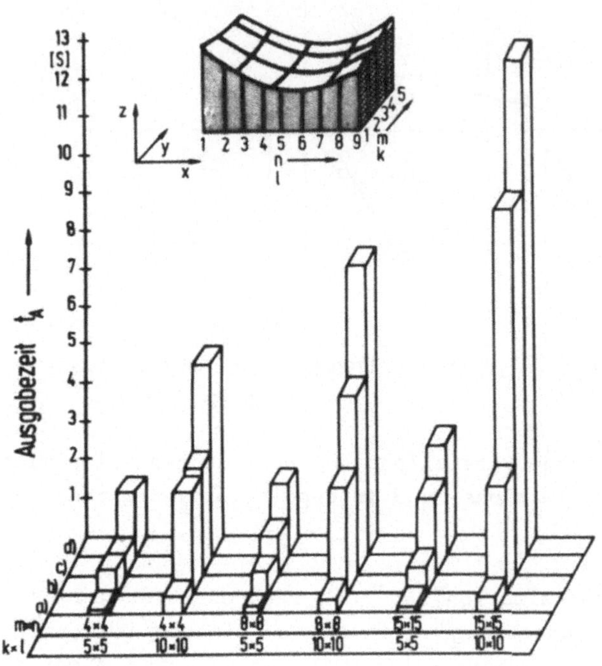

m,n ... Stützstellenanzahl
k, l ... Anzahl der gezeichneten Netzlinien

a) ... Linearinterpolatation
b) ... Lokal interpolierende Splines 2. Ordnung
c) ... Bézier-Approximation
d) ... B-Spline-Approximation 3. Ordnung

Bild 5.27: Rechenzeitbedarf der Interpolations- und Approximationsverfahren (gemessen auf einer VAX 11/780)

Das Ergebnis der Untersuchung zeigt, daß die in Bild 5.26 dargestellten höheren Verfahren zur Reduktion der Grafikanweisungen nicht geeignet sind. Sowohl die grafische Darstellung als auch der Rechenzeitbedarf sind unbefriedigend. Die Verfahren sind nur bei Körpern mit stetigen Flächenverläufen effizient.

Die Linearinterpolation stellt die schnellste Ausgabeart dar. Der Rechenzeitbedarf ist hierbei allein von der Anzahl der zu zeichnenden Linien abhängig. Der Anstieg der Rechenzeit ist proportional zur Anzahl der am Bildschirm ausgegebenen Linien. Hieraus resultiert, daß eine Schnittliniendarstellung aus Rechenzeitgründen einer Netzliniendarstellung vorzuziehen ist. Um eine akzeptable Darstellungsgeschwindigkeit zu erreichen, ist auch die Anzahl der Stützpunkte so gering wie möglich zu wählen. Es konnte ermittelt werden, daß die Anzahl der Feldelemente in der x- und y-Richtung jeweils den Wert 50 nicht überschreiten sollte.

5.5.2.2 Eliminierung verdeckter Schnittlinien

Um die Übersichtlichkeit der linienorientierten Darstellung zu verbessern, ist eine Visibilitätsanalyse durchzuführen. Prinzipiell kommen hierfür zwei Verfahren in Frage:

- Berechnung verdeckter Linienelemente,
- Berechnung verdeckter Polygone.

Bei der Berechnung verdeckter Linienelemente werden zuerst alle benachbarten Streckenstart- bzw. Streckenendpunkte einer Rasterzeile durch Linienelemente L(i) verbunden. Die Linienelemente L(i), die am nächsten zum Betrachter liegen, werden in einem Pufferfeld gespeichert. Alle folgenden Linienelemente der nächsten Zeile L(i+1) werden mit den Elementen L(i) auf Unter- bzw. Überschreitung verglichen. Bei einer Unter- bzw. Überschreitung sind die Linienelemente L(i+1) an den Schnittpunkten aufzuteilen und die sichtbaren Linienelemente sind zu zeichnen. Damit wird deutlich, daß die Anzahl der Linienelemente, die jeweils mit dem Pufferfeld abgeprüft werden muß, einen direkten Einfluß auf die Berechnungsdauer hat.

Bei der Berechnung verdeckter Polygone erfolgt die Visibilitätsanalyse nach dem Prioritätsprinzip (Bild 5.28).

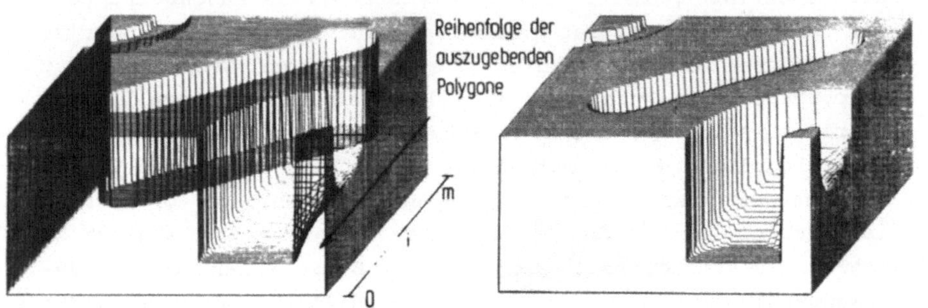

Bild 5.28: Eliminierung verdeckter Polygone nach dem Prioritätsprinzips

Im Unterschied zu dem in Abschnitt 5.3 beschriebenen Verfahren ist die Erstellung von Prioritätslisten nicht erforderlich. Aufgrund der Rasterstruktur des Modells läßt sich über eine Indexrechnung leicht die Rasterzeile bestimmen, die am weitesten vom Betrachter entfernt liegt. Durch das Verbinden der Streckenstart- bzw. Streckenendpunkte in dieser Rasterzeile werden Polygone erzeugt, die dann mit der Hintergrundfarbe des Bildschirms ausgefüllt werden.

Werden die Polygone, die näher an dem Betrachtungspunkt liegen, mit der Hintergrundfarbe ausgefüllt, so verdecken diese weiter entfernt liegende Polygonflächen. Durch Anwendung des Prioritätsprinzips entsteht für den Mikrorechner kein zusätzlicher Rechenaufwand.

Untersuchungen mit dem realisierten Modell zeigen, daß die Berechnung verdeckter Linienelemente nur bei einer geringen Auflösung des 1D-EM-Modells Vorteile bringt und daher für eine allgemeine Lösung nicht in Frage kommt.

5.5.3 Flächenorientierte Darstellung

Im folgenden sollen verschiedene Verfahren zur Schattierung der Oberflächen untersucht und bewertet werden.

Verfahren I): Säulenprinzip

Wird jedes Streckenelement S(ij) durch eine Rastersäule mit dem Grundraster (dx,dy) und der Säulenlänge z(ij) angenähert, so entsteht die in Bild 5.29a gezeigte Schattierungsdarstellung eines Körpers.

Vorteilhaft an dem Verfahren ist, daß
- die Oberflächen eines Körpers implizit durch die Rastersäulen vorliegen und
- die Visibilitätsanalyse durch die Anwendung des Prioritätsprinzips einfach durchzuführen ist, da die Prioritätsreihenfolge durch die Rasterstruktur gegeben ist.

Nachteilig ist, daß die Anzahl der auszugebenden Rastersäulen den in der Datenstruktur abgespeicherten Streckenelementen entspricht. Um die hieraus resultierende hohe Anzahl von Grafikanweisungen zu verringern, sind Verfahren zu entwickeln, die größere, stetig differenzierbare Flächenbereiche zusammenfassen.

a) ungeglätteter Körper

b) Glättung in 2 Koordinatenrichtungen

c) Glättung in 3 Koordinatenrichtungen

Bild 5.29: Schattierte Darstellungen von Körpern auf der Basis des 1D-EM-Modells

Verfahren II: Konturanalyse

Das Verfahren geht von dem Grundgedanken aus, daß zwischen drei benachbarten Streckenstart- bzw. Streckenendpunkten ein Flächensegment aufgespannt werden kann, das innerhalb einer möglicherweise größeren Fläche liegt. Die Aufgabe besteht nun darin, das kleinste Flächensegment zuerst zu einem Flächenstreifen zu vergrößern, indem in positiver x-Richtung die Flächensegmente aneinander gefügt werden, die die gleichen Flächennormalenvektoren besitzen.

Ist der längstmögliche Flächenstreifen erkannt, so wird versucht, diesen um eine Rasterbreite in y-Richtung zu vergößern. Es wird wieder ein Folgestreifen erzeugt. Gehen die beiden Flächenstreifen stetig differenzierbar ineinander über, so erhält man einen Flächenstreifen doppelter Rasterbreite. Dieses Verfahren ist beliebig oft wiederholbar, wenn das Anfügen eines Folgestreifens möglich ist.

Programmtechnisch kann das Verfahren effizient durch den in Bild 5.30 dargestellten Flächenbaum realisiert werden.

Auf diese Art und Weise ist jede beliebige Fläche in Form eines solchen Flächenbaums erfaßbar. Je komplexer eine Fläche aufgebaut ist, z.B. eine Fläche mit mehreren Durchbrüchen, desto komplexer wird auch der Flächenbaum.

Aus dem Verfahren ergeben sich folgende Vorteile:

- Durch die Zusammenfassung großer Flächenbereiche wird die Anzahl der Grafikanweisungen wesentlich verringert.
- in zwei Koordinatenebenen ist bereits eine Glättung der Oberflächenkonturen erfolgt.
- Die realen Oberflächenkonturen eines Polyeders werden ermittelt.

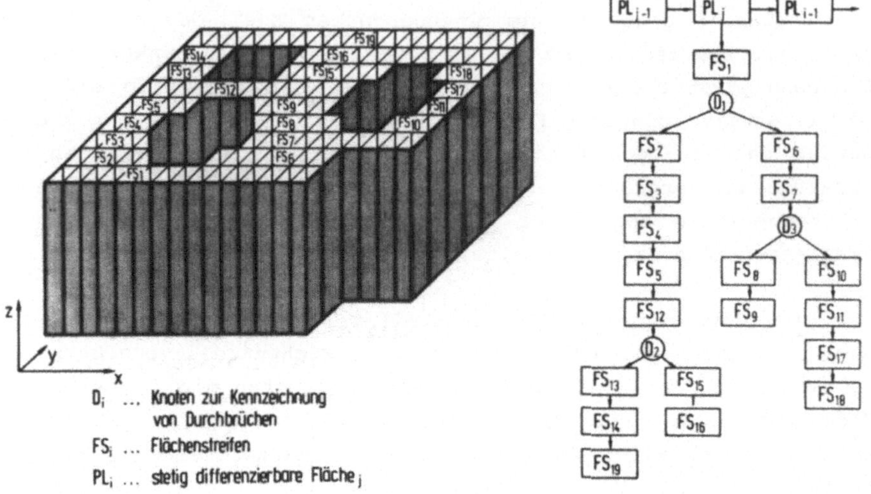

Bild 5.30: Flächenbaum zur Darstellung einer Körperfläche

Der letztgenannte Aspekt hat praktische Bedeutung bei der Erfassung von Rohteilen. Ein Rohteil, das durch eine Meßeinrichtung zeilenweise abgetastet wird, kann mit dem Verfahren II in ein Polyeder umgewandelt und für die Werkstückaktualisierung auf Basis des BSP-Modells genutzt werden.

Demgegenüber stehen folgende Nachteile:

- Der Algorithmus zur Konturanalyse ist rechenzeitaufwendig.
- Nach der Zusammenfassung größerer Flächenbereiche muß eine zeitintensive Visibilitätsanalyse durchgeführt werden.
- Bei mehreren Unterbrechungen von Feldelementen lassen sich keine eindeutigen Regeln für deren Interpretation herleiten. Die eindeutige Erkennung von Unterschneidungen und senkrechten Flächen ist nur unter der Voraussetzung möglich, daß der Feldelementabstand im Vergleich zum

Durchmesser des Verknüpfungskörpers klein ist. Theoretische Untersuchungen mit diesem Modell zeigen, daß der Durchmesser des Verknüpfungskörpers mindestens drei Rasterabstände betragen muß.

Verfahren III: Schichtenprinzip

Eine Zusammenfassung von Rastersäulen zu Rasterscheiben vergrößert ebenfalls die auszugebenden Flächenstücke. Das Verfahren III, das im Bild 5.31 dargestellt wird, basiert auf der Zerlegung eines Körpers in Schichtebenen, um so Rasterscheiben zu erzeugen.

Zuerst wird das Feldelement F(ij) bestimmt, das am weitesten vom Betrachter entfernt liegt. Ist das Feldelement F(ij) unterbrochen, so wird der Streckenstart- bzw. Streckenendpunkt S(ij), der am weitesten vom Betrachter entfernt liegt, als der erste Punkt der ersten Schicht definiert. Dann wird wie bei Verfahren II zwichen drei benachbarten Punkten ein Flächensegment aufgespannt und zeilen- bzw. spaltenweise vergößert, sofern die Nachbarflächen die gleichen Flächennormalenvektoren besitzen.

Nachteilig ist, daß

- für die Abarbeitung der einzelnen Rasterzeilen in vertikaler Ebene ein Matrizenfeld angelegt werden muß, in dem der Zustand der Bearbeitung festgehalten wird,
- Rasterscheiben von Körperflächen erzeugt werden, die logisch in keinem Zusammenhang stehen.

Folgende Vorteile überwiegen jedoch die oben genannten Nachteile:

- Geringer Rechenzeitbedarf bei der Visibilitätsanalyse. Die Ausgabe der Rasterscheiben nach dem Prioritätsprinzip erfordert keine Erstellung einer Prioritätsliste,

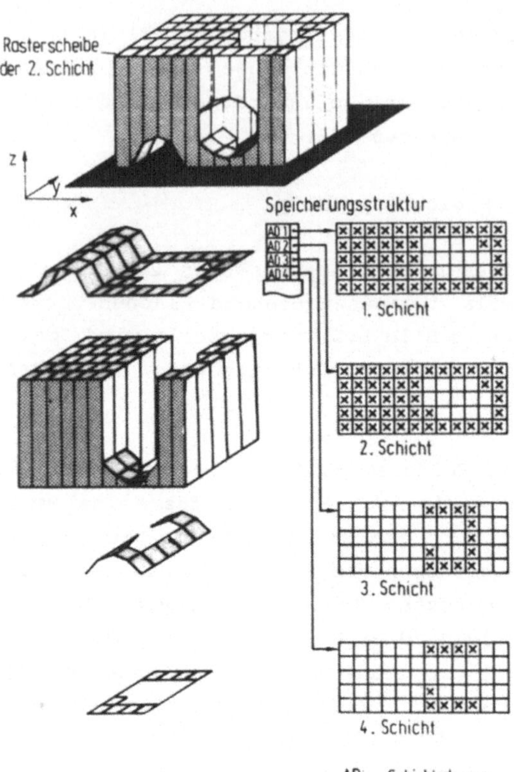

Bild 5.31: Ablauf der Schichtebenenzerlegung

wenn nach der in Abschnitt 5.5.2.2 dargestellten Methode vorgegangen wird.

- Für die Interpretation des Modells ist lediglich eine Unterscheidung zwischen Streckenstart- und Streckenendpunkten zu treffen.
- Die Zuordung von Streckenpunkten zur Körperoberfläche ist eindeutig.

Aus diesen Gründen eignet sich das Verfahren III für die Darstellung schattierter Flächen am besten.

5.5.4 Korrektur der dargestellten Flächen

Aufgrund der Diskretisierung im Modell ergibt sich für die grafische Darstellung die unerwünschte Eigenschaft, daß Körper an ihren Rändern ausgezackt erscheinen (vgl. Bild 5.29a und b). Beträgt der Rasterabstand nur wenige Bildschirmpunkte, so ist die Auszackung an den Rändern des Körpers unbedeutend. Aufgrund der hohen Rechenzeitanforderungen wird im allgemeinen mit einer Auflösung gearbeitet (n,m < 50), mit der die Auszackungen als störend empfunden werden. Eine Glättung der ausgezackten Körpergrenzen in zwei Koordinatenrichtungen (vgl. Bild 5.29b), wie sie bereits durch das Verfahren II erfolgt ist, ist bei Verfahren III ohne hohen mathematischen Aufwand zusätzlich möglich.

Bei einer Glättung in drei Koordinatenrichtungen sind nicht nur die Konturen in der x-y-Ebene, sondern auch alle Flächen in Richtung der z-Achse, die diese Konturen tangieren, zu korrigieren (Bild 5.32).

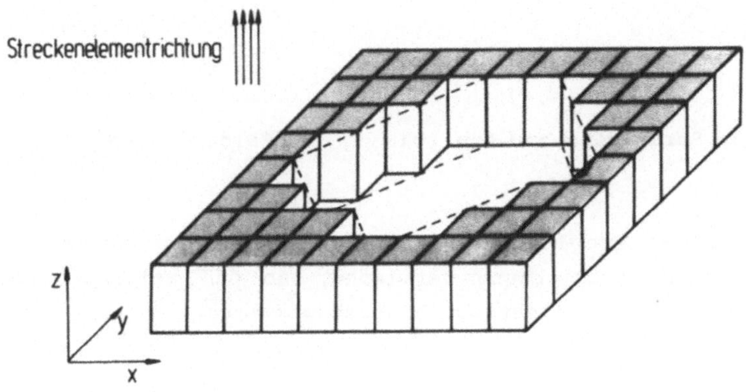

Bild 5.32: Glättungsproblematik

Der Berechnungsaufwand ist hierfür so hoch, daß die Vorteile des diskreten Modells (schnelle Modellieroperationen) verloren gehen. Daher wird folgende Vorgehensweise vorgeschlagen. Die Feldelemente F(ij) des 1D-EM-Modells sind je nach der Komplexität des erzeugten Werkstücks (Körper mit vorwiegend Flächen zweiter Ordnung oder vorwiegend Freiformflächen) vor einer Simulation nach der in Bild 5.33 gezeigten Anordnung auszurichten.

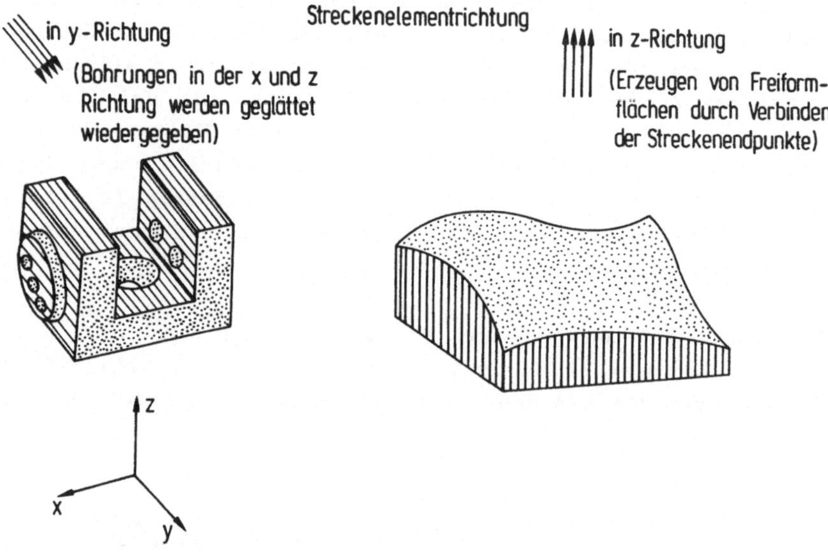

<u>Bild 5.33</u>: Strategien zur Ausrichtung der Feldelemente

Damit wird das Problem von gerasterten Oberflächen in der dritten Koordinatenrichtung vermieden, so daß zeitintensive Glättungsalgorithmen nicht zur Anwendung kommen.

5.6 Bewertung der realisierten Aktualisierungsverfahren

Die Untersuchungen zeigen, daß bei einer hohen Komplexität des Werkstücks (>2000 Polyederflächen) vorteilhaft die Werkstückaktualisierung auf der Basis des entwickelten 1D-EM-Modells anzuwenden ist. Bei der Verwendung des 1D-EM-Modells ist jedoch aus Wirtschaftlichkeitsgründen keine Maßkontrolle im um-Bereich möglich. Da eine Konvertierung des BSP-Modells in das 1D-EM-Modell und umgekehrt während der Simulation möglich ist, kann je nach Komplexität des Werkstücks eine optimale Werkstückaktualisierung erfolgen. Die entsprechenden Algorithmen zur Konvertierung wurden in den Abschnitten 5.4.1.1, 5.5.1.2 und 5.5.3 hergeleitet.

6 Grafische Darstellung von Maschinenbewegungen

Voraussetzung für die grafische Darstellung von WZM- und HHG-Bewegungen, sowie ihre Überwachung auf Kollision zwischen allen möglichen Kollisionspaarungen ist die rechnerinterne Erfassung der Bewegungsmöglichkeiten in einem Kinematikmodell. Da der prinzipielle Unterschied zwischen WZM und HHG lediglich in der Anzahl ihrer geometrischen Bewegungsmöglichkeiten liegt, soll sowohl für die WZM als auch für das HHG ein einheitliches Kinematikmodell gewählt werden.

6.1 Kinematikmodell

Ein kinematisches Ersatzschaltbild /73/, das üblicherweise für die Beschreibung von HHG verwendet wird, ist für die oben genannten Aufgaben ungeeignet. Aus dem Ersatzschaltbild kann nicht auf die Geometrie von WZM und HHG geschlossen werden, so daß ein Kinematikmodell entwickelt wird, das einerseits eine logische Verkettung zwischen den einzelnen Achsenelementen von WZM bzw. HHG ermöglicht und andererseits die Referenz zu der Geometriebeschreibung der Achsenelemente beinhaltet. Die in Bild 6.1 dargestellte Datenstruktur des Kinematikmodells einer fünfachsigen WZM erfüllt diese Anforderung.

Für eine effiziente Interpretation des Modells sind die im Kinematikmodell dargestellten Achsenelemente hinsichtlich ihrer Bewegungszustände in

- ortsfeste und
- ortsvariable

Achsenelemente zu kennzeichnen. Ortsfeste Achsenelemente besitzen die Eigenschaft, daß sie während des Bearbeitungsvorgangs ihre absolute Lage im Maschinenkoordinatensystem nicht verändern, wie das z.B. bei einem Maschinenbett der Fall ist. Findet über dem Bearbeitungszeitraum eine Lageveränderung von bewegten Körpern statt, so werden diese den ortsvariablen Achsenelementen zugeordnet. Verkettete ortsvariable Elemente kön-

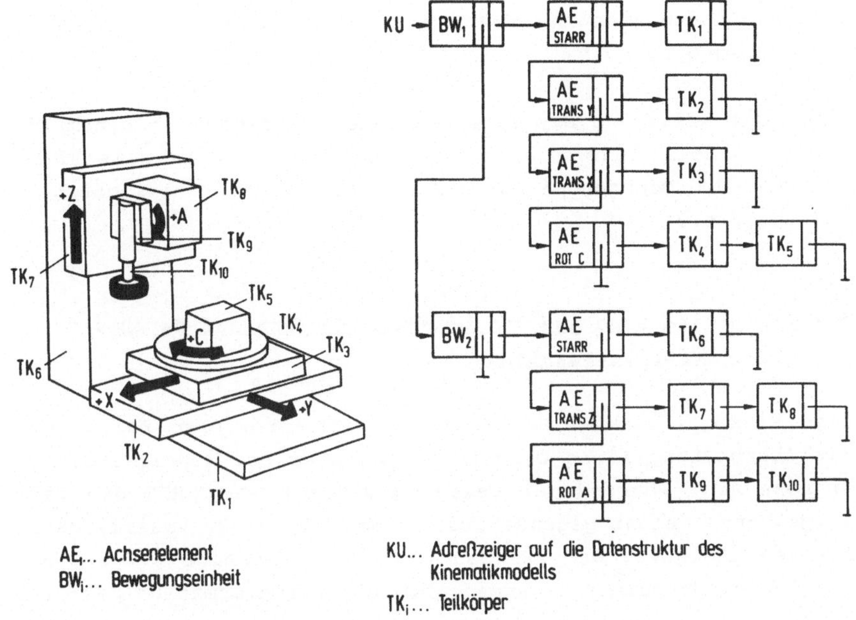

Bild 6.1: Kinematikmodell einer WZM

nen zu Bewegungseinheiten einer WZM zusammengefaßt werden (vgl. Bild 6.1). Diese Bewegungseinheiten sind unabhängig von anderen Bewegungseinheiten zu bearbeiten.

Besteht die Bewegungseinheit aus mehreren Achsenelementen, so sind die Transformationen von untergeordneten Achsenelementen zu berücksichtigen. Damit kann die Transformation zweier, durch ein Gelenk verbundener Achsenelemente beschrieben werden, unabhängig davon, ob es sich um rotatorische oder translatorische Achsen handelt.

Jedes Achsenelement repräsentiert einen einzigen Freiheitsgrad. Mit dieser Datenstruktur lassen sich aber auch die Achsenelemente von HHG darstellen, die über sogenannte Kreuzgelenke verbunden sind und mit diesen zwei Freiheitsgrade ausführen können. Dabei wird vereinbart, daß in diesem Fall dem ersten Achsenelement keine Geometrieelemente zugewiesen werden (vgl. Bild 6.1).

Durch die Erfassung des kinematischen Verhaltens in einem Kinematikmodell lassen sich mit Hilfe von Visualisierungsmethoden die Bewegungen von WZM und HHG am Bildschirm darstellen (Bild 6.2).

6.2 Visibilitätsanalyse von bewegten Körpern auf der Basis einer Prioritätsliste

Eine Visibilitätsanalyse reduziert sich in vielen Fällen auf die Abarbeitung eines bereits aufgebauten BSP-Modells. Durchdringen sich während der Bewegung von WZM bzw. HHG die Teilungsebenen nicht gegenseitig, so muß bei einer Visibilitätsanalyse lediglich der BSP-Baum, wie in Abschnitt 5.4.1.4 beschrieben, durchlaufen werden. Die Bildtransformation /40/ ist zusätzlich mit der Bewegungstransformation zu verknüpfen. Die Aktualisierung der Bewegungszustände und die bereits realisierte Erfassung von verdeckten Flächen im BSP-Modell ermöglichen eine Echtzeitbewegung, falls das Grafiksystem Polygone in kurzer Zeit mit einer Schattierungsfarbe füllen kann. Ein weiterer Vorteil liegt darin, daß bei der Bewegungsdarstellung der Betrachtungspunkt stetig verändert werden kann, ohne daß der BSP-Baum neu aufgebaut werden muß.

Bei komplexen Kinematiken ist es zweckmäßig, den BSP-Baum in nicht verkettete Unterbäume aufzuteilen (Bild 6.3). Die Wurzel der Unterbäume ist hierbei so zu legen, daß diese Bewegungsräume abtrennt, in denen keine Durchdringung von Teilungsebenen stattfinden. Die Visibilitätsanalyse reduziert sich dann auf die Bestimmung der Reihenfolge von Unterbäumen.

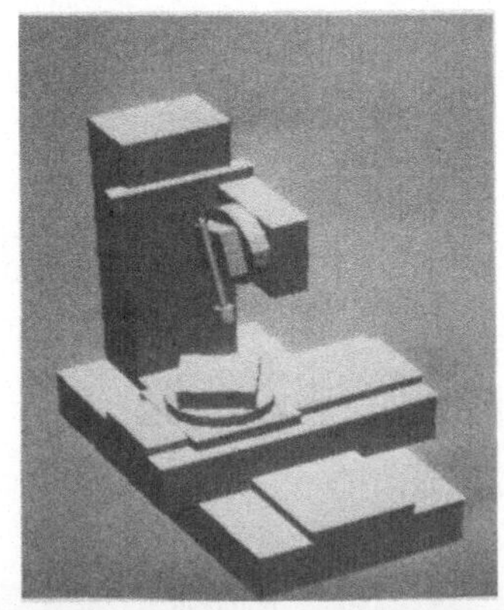

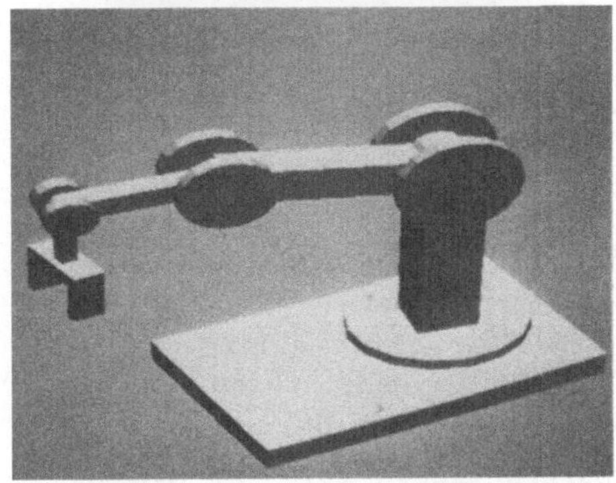
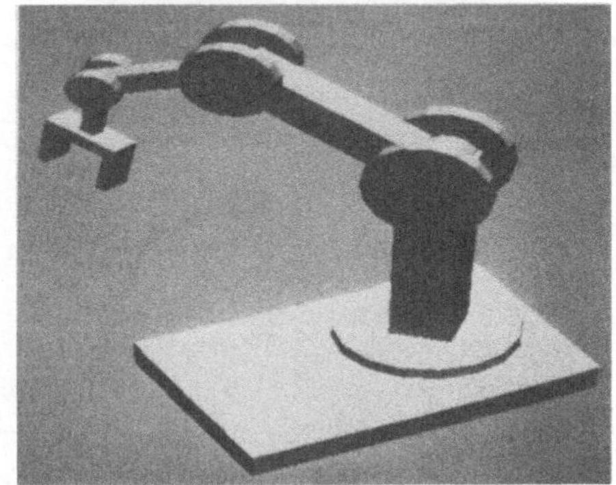

Bild 6.2: Grafische Darstellung von WZM- und HHG-Bewegungen

6.3 Erkennung und grafische Darstellung von Kollisionen

Prinzipiell gibt es zwei Möglichkeiten, den Kollisionsort grafisch wiederzugeben. Zum einen ist bei einer erkannten Kollision eine vollständige Modellierung nach Abschnitt 5.4.1.2 und 5.4.1.3 möglich, wobei der aktualisierte BSP-Baum nach dem in Bild 5.13 dargestellten Algorithmus visualisiert wird. Da bei den Bewegungen von WZM bzw. HHG nur gestaltsfeste Körper auf Kollision untersucht werden, ist eine andere Vorgehensweise rechenzeitgünstiger, da in jedem Fall keine Modellierung durchgeführt wird. Während der Abarbeitung des BSP-Baums nach

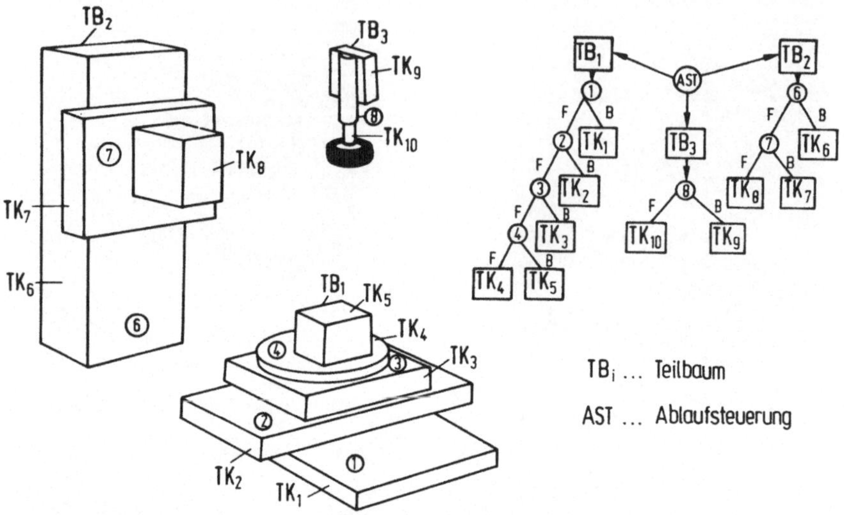

Bild 6.3: Aufteilung von BSP-Unterbäumen

der in Abschnitt 5.4.1.4 beschriebenen Vorgehensweise werden alle besuchten Knotenpolygone mit den Polygonen VP_i auf Durchdringung überprüft. Liegt eine Durchdringung vor, so können die Kollisionsflächen durch eine bestimmte Farbe hervorgehoben werden. Der Algorithmus ist in Bild 6.4 dargestellt.

Eine Kollisionsüberprüfung während der Ermittlung von verdeckten Flächen ergibt keine bedeutende Erhöhung der Rechenzeit. Untersuchungen zeigen, daß durch Anwendung des in Abschnitt 5.4.2.4 dargestellten Prinzips von Volumenspuren auch auf bewegte Kollisionselemente eine Kollisionskontrolle mit Hilfe des BSP-Baumes in Echtzeit möglich ist.

KOLLIS_DETECT

KN_i = NIL? (NEIN / JA)

NEIN:

VP_i aus POLY_LIST gegen T_{Ri} schneiden

VP_i vor T_{Ri} in FRONT_LIST abspeichern; VP_i hinter T_{Ri} in BACK_LIST abspeichern

B_A liegt vor T_{Ri}? (JA / NEIN)

JA:

KN_{iB} = NIL? (JA / NEIN)

JA	NEIN
$KN_i := KN_{iB}$	Kollision erkannt, wenn VP_i in BACK LIST
POLY_LIST := BACK_LIST	zeichne VP_i aus BACK_LIST als Kollisionsfläche
Aufruf KOLLIS_DETECT	

Zeichne R_i

$KN_i := KN_{iF}$

POLY_LIST := FRONT_LIST

Aufruf KOLLIS_DETECT

NEIN:

$KN_i := KN_{iF}$

POLY_LIST := FRONT_LIST

Aufruf KOLLIS_DETECT

Zeichne R_i

KN_{iB} = NIL? (NEIN / JA)

NEIN	JA
$KN_i := KN_{iB}$	zeichne VP_i aus BACK_LIST als Kollisionsfläche
POLY_LIST := BACK_LIST	
Aufruf KOLLIS_DETECT	

Bild 6.4: Kollisionsüberprüfung während der Visibilitätsanalyse

7 Aufbau eines Grafikunterstützten Simulationssystems für komplexe NC-Bearbeitungsvorgänge

7.1 Gerätestruktur

Ein wesentliches Ziel der Arbeit ist es, ein GSB für einen breiten Anwendungs- und Einsatzbereich zu entwickeln und damit für möglichst viele interessierte Anwender verfügbar zu machen. Das GSB soll in Zusammenhang mit NC-Programmiersystemen einsetzbar sein. Dies bedeutet, daß die gerätetechnischen Gegebenheiten sowohl bei einer NC als auch bei leistungsstärkeren Rechnersystemen, wie sie in der AV vorzufinden sind, bei der Realisierung zu berücksichtigen sind. Um einerseits die oben genannte Forderung zu überprüfen, andererseits den Funktionsnachweis der entwickelten Algorithmen zur Darstellung von Bewegungs- und Abspanvorgängen zu erbringen, wurde unter Verwendung einer rechnerunabhängigen Programmiersprache das Programmsystem GSB realisiert.

Die in dieser Arbeit dargestellten Algorithmen wurden auf einem Rechner der mittleren Datentechnik (VAX 11/780) entwickelt (Bild 7.1).

Aufgrund der übersichtlichen und leistungsfähigen Datenstrukturen, sowie ihrer großen Verbreitung bei Mikrorechnern, wurden alle Algorithmen in der Programmiersprache PASCAL realisiert. Durch die Berücksichtigung der steuerungstechnischen Gegebenheiten (kein Massenspeicher, keine Freilistenverwaltung), konnte das Programmsystem innerhalb kürzester Zeit problemlos auf die in Bild 7.1 dargestellten Mikrorechner portiert werden.

Wie in Abschnitt 5.3 erwähnt, werden die meisten an NC eingesetzten Bildschirme lediglich von einem Grafikprozessor angesteuert. Für Testzwecke wurde daher ein Grafiksystem /74/ gewählt, das nahezu die gleichen Eigenschaften aufweist, wie das Grafiksystem der NC, für die ein GSB integriert wurde /9/.

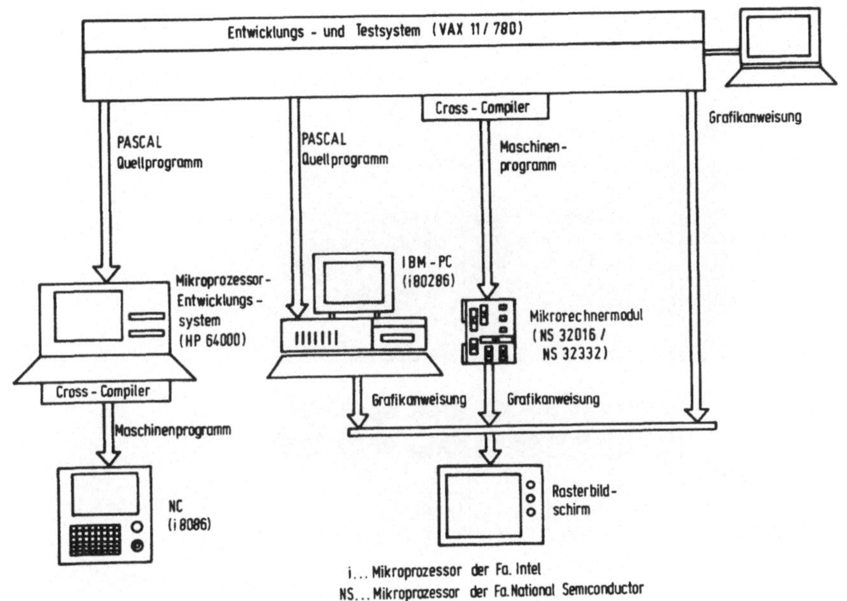

Bild 7.1: Entwicklungs- und Testumgebung

Diese Vorgehensweise hat den Vorteil, daß nur ein geringer Anpassungsaufwand für den Grafiktreiber des Grafiksystems der NC entsteht. Folgende Merkmale weist das Grafiksystem auf:

- Anzahl der Farben: 16;
- Bildschirmauflösung: 672 * 449 Pixel;
- Anzahl der beschreibbaren Grafikseiten: 1;
- Befehlsvorrat: Untermenge von GKS-Befehlen /57/;

Da gerätebedingt nur neun Farbintensitäten für die Schattierung von Körpern genutzt werden konnten, wurde die Halbtontechnik /75/ angewandt, um die Anzahl der Farbintensitäten durch die Überlagerung von Mustern zu vervielfachen. Aus neun Farbintensitäten und zwei Musterformen wurde die Anzahl der Farbstufen auf 32 erhöht (Bild 7.2).

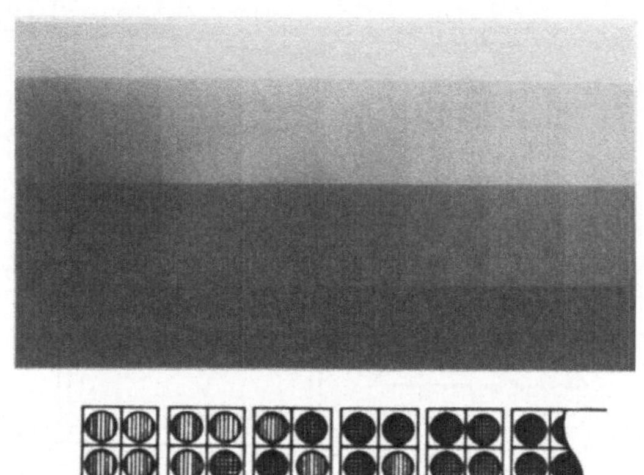

Bild 7.2: Erhöhung der Farbstufen durch Verwendung von Halbtönen

Mit dieser Maßnahme sind programmtechnisch beliebig viele Farbstufen generierbar, ohne daß zusätzliche, teure Farbebenen in das Grafiksystem eingebaut werden müssen.

7.2 Programmstruktur

Voraussetzung für die Portierung des Programmsystems GSB in verschiedene Rechnersysteme ist ein modularer Aufbau (Bild 7.3). Dadurch kann der zur Verfügung stehende Speicherplatz in den Rechnersystemen optimal ausgenutzt werden. Die modulare Struktur bietet sich von der Aufgabenstellung und auch auf-

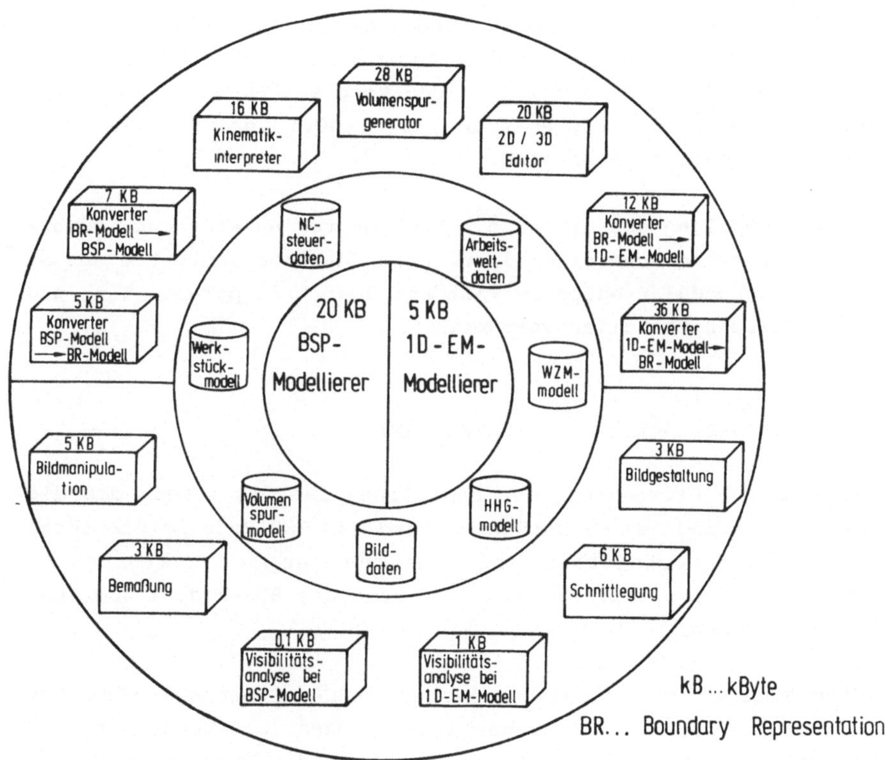

Bild 7.3: Programmstruktur des GSB

grund der Erweiterbarkeit und Nachführbarkeit einzelner Module an.

Da das BR-Modell /16,48,50/ (BR.: Boundary Representation) das am häufigsten eingesetzte Geometriemodell sowohl in CAD- als auch in NC-Programmiersystemen ist, wurden für die in dieser Arbeit entwickelten Modelle zur Übernahme von Arbeitsweltdaten (vgl. Bild 2.3) Konvertierungsalgorithmen realisiert. Für die Eingabe von geometrischen Körpern wurde ein 3D-Editor erstellt, dessen Algorithmen von denen zur Werkstückaktualisierung abgeleitet wurden. Neben der Möglichkeit der booleschen Subtraktion, wurde die Addition und der Durchschnitt realisiert (vgl. Bild 4.1), so daß komplexe Rohteile sowie WZM bzw. HHG nach dem CSG-Prinzip /48/ (CSG.: Constructive Solid Geometry) beschreibbar sind.

Eine Ankopplung des GSB an die NC-Steuerdatenversorgung bereitet dann wenig Schwierigkeiten, wenn das Programmsystem der NC ebenfalls modular aufgebaut ist und über transparente Ein- und Ausgangsschnittstellen verfügt.

7.3 Bewertung des Simulationssystems

Eine nähere Betrachtung der Funktionen des GSB zeigt, daß die Aktualisierung des Werkstücks anhand des BSP-Modells die höchsten rechentechnischen Anforderungen an den Mikrorechner stellt. Deshalb soll für die Bewertung das BSP-Modell zugrunde gelegt werden.

Eine Analyse von disassemblierten PASCAL-Programmen des GSB ergibt die in Bild 7.4 dargestellte prozentuale Verteilung der ausgeführten Rechenoperationen innerhalb der Funktionen Modellierer und Visualisierer.

			Modellierer	Visualisierer
Operation	Multiplikation, Division		5	28
	Addition, Subtraktion, Vergleich		20	25
	Prozeduraufruf, Rücksprung, Verzweigung		15	15
	Adreßrechnung, Datenzugriff		60	32
Rechnertyp	Intel 8086	(8MHz)	22 *	4,8 *
	Intel 80286 mit 80287	(8MHz)	5,5 *	1 *
	NS 32016 mit 32081	(6MHz)	3,6 *	3,6 *
	NS 32332 mit 32081	(10MHz)	1,1 *	1,6 *

* Rechenzeit im Verhältnis zur VAX 11/780

Bild 7.4: Prozentuale Verteilung der Rechenoperationen

Die Modellierung auf Basis des BSP-Modells, ist gekennzeichnet durch die Bearbeitung großer Datenmengen im 32 bit-Format. Berücksichtigt man zusätzlich die Tatsache, daß auf einen Datenzugriff im Durchschnitt zwischen ein und drei Rechenoperationen kommen, so nimmt insgesamt die Datenzugriffszeit einen nicht unbedeutenden Anteil an der Programmausführungszeit ein. Der hohe Zeitaufwand entsteht, weil viele Lade- und Speicherzyklen zwischen Mikroprozessor und Speichereinheiten erforderlich sind und hierbei wenig Daten für nachfolgende Operationen in Registern gehalten werden können. Hieraus resultiert die Forderung nach einem Mikrorechner mit internem 32 bit-Datenbus, was auch die gemessenen Rechenzeiten zeigen.

Die kostengünstigen Grafiksysteme bieten derzeit, wie bereits erwähnt, keine 3D-Unterstützung an. Deshalb ist zur Darstellung von dreidimensionalen Ansichten von Körpern eine Bildtransformation von dem euklidischen Raum in die 2D-Bildschirmebene notwendig. Diese Transformation liefert als Ergebnis ebene Polygone, die bereits auf das Bildschirmkoordinatensystem bezogen sind. Damit keine Geschwindigkeitseinbußen durch die Verwendung eines grafischen Grundsystems (z.B. GKS /57/) entstehen, ist ein direkter Zugriff auf den Befehlsvorrat des eingesetzen Grafikprozessors zu realisieren. Der Nachteil einer speziellen und damit nicht kompatiblen Grafikschnittstelle im GSB ist wegen des Vorteils der schnelleren Bildausgabe in Kauf zu nehmen.

Bei dem realisierten Visualisierungsalgorithmus auf Basis des BSP-Modells zur Abbildung von 3D-Körpern auf den Grafikschirm beträgt die reine Transformationszeit ungefähr 90% der Programmlaufzeit, während die restlichen 10% für die Berechnung verdeckter Flächen verwendet werden. In diesem Fall wirkt sich der Einsatz eines Arithmetikprozessors besonders vorteilhaft aus.

Damit die durch den Mikrorechner erzeugten Grafikbefehle vom Grafiksystem on-line verarbeitet werden können, sollte die

Füllgeschwindigkeit bei einer Schattierungsdarstellung mindestens 400 Polygonzüge pro Sekunde betragen, wobei ein Polygonzug im Durchschnitt aus vier Vektoren besteht. Moderne Grafikprozessoren erreichen diese Zeiten /62/.

Eine Aussage über die absolute Aktualisierungsgeschwindigkeit kann aufgrund mehrerer Einflußgrößen nicht erfolgen. Allgemein ist die Rechenzeit abhängig:

- von der Anzahl der Flächen des Werkstücks,
- von der Anzahl der Flächen des Werkzeugs,
- von der Topologie des Körpers,
- von der Anzahl der zu aktualisierenden Flächen,
- davon, ob die aktualisierten Flächen vollständig innerhalb des Verknüpfungskörpers liegen und
- davon, ob die aktualisierten Flächen teilweise den Verknüpfungskörper durchdringen.

Die auf einem Mikrorechner NS 32332 mit dem Arithmetikprozessor NS 32081 gemessene Rechenzeit für die Werkstückaktualisierung liegt je nach der sich ändernden Komplexität des Werkstücks im Durchschnitt zwischen 0,1 und 0.7 s (in ungünstigen Fällen bis zu 8 s). Für das in Bild 7.5 dargestellte Beispiel einer satzweisen Simulation beträgt die Aktualisierungszeit bei den linearen NC-Sätzen zwischen 0,1 und 0,4 s. In diesen Zeitangaben sind die Transferzeit zwischen Rechner- und Grafiksystem, sowie die Bildaufbauzeit durch den Grafikprozessor nicht enthalten.

Zum Vergleich wurden die Algorithmen auf die Simulation der Drehbearbeitung angewandt (Bild 7.6), indem jeweils die dritte Koordinate der Knotenpolygone unterdrückt wurde. Die Aktualisierungszeit liegt aufgrund der geringen Komplexität des Werkstücks nur noch zwischen 7 und 13 ms.

Hieraus resultiert, daß nur bei 2D-Bearbeitungsvorgängen eine stetige Darstellung des Bearbeitungsvorgangs mit der verfügbaren Rechenleistung einer NC möglich ist. In diesem Fall ist

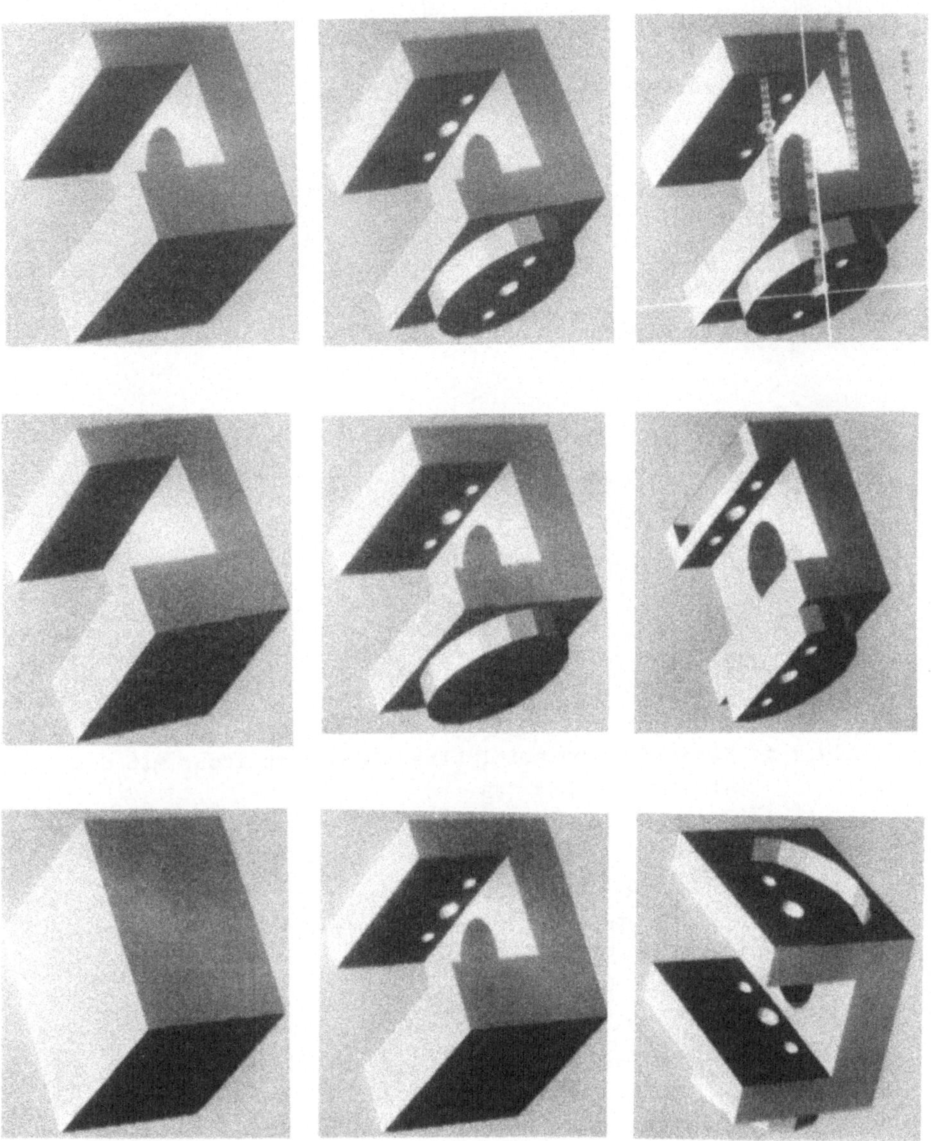

Bild 7.5: Simulationsbeispiel einer Fräsbearbeitung

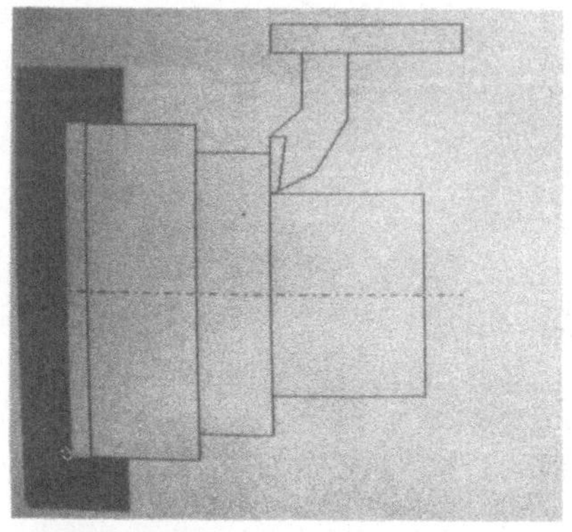

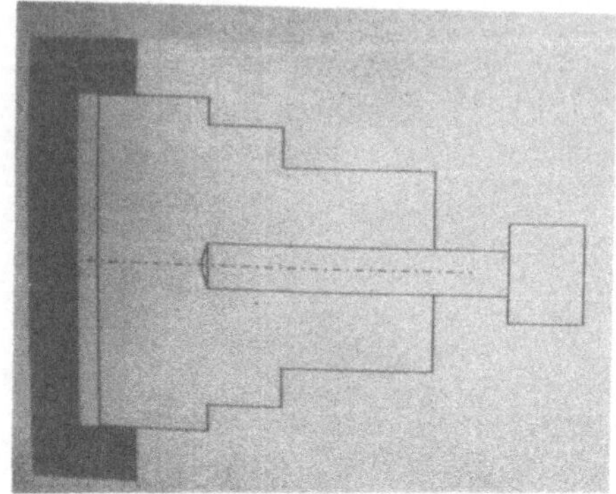

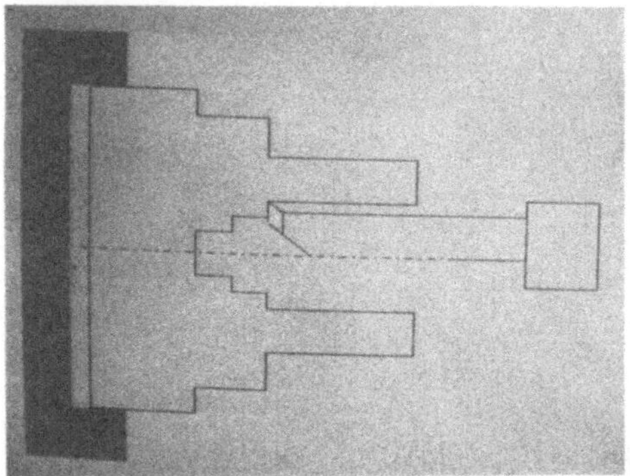

Bild 7.6: Simulationsbeispiel einer Drehbearbeitung mit den Algorithmen des GSB

die Generierung von Volumenspuren nicht notwendig, weil die Lage-Sollwerte im Interpolationstakt einer NC von dem GSB abgearbeitet werden können.

Insgesamt kann festgestellt werden, daß das realisierte GSB für alle Bearbeitungsverfahren und Werkstückspektren einsetzbar und für den maschinengebundenen Einsatz im Off-line-Betrieb geeignet ist. Obwohl zugeschnittene Lösungen für 2 1/2D-Bearbeitungsverfahren bessere Antwortzeiten erwarten lassen, überwiegt dort der Nachteil der Mehrfachentwicklung von Simulationssystemen für weitere Bearbeitungsverfahren. Die

8 Zusammenfassung

Ein Grafikunterstütztes Simulationssystem für Bearbeitungsvorgänge ist ein wirksames Hilfsmittel, um die Verifikation von NC-Programmen wesentlich zu beschleunigen und zu vereinfachen. Durch den wachsenden Trend zur Komplettbearbeitung werden immer komplexere Werkstücke hergestellt, deren Bearbeitung von den im Werkstattbereich verfügbaren Simulationssystemen nicht simuliert werden kann. Dieser Umstand führte zur Entwicklung eines universell einsetzbaren Simulationssystems, das sowohl hinsichtlich des Bearbeitungsverfahrens als auch des Werkstückspektrums keine Einschränkungen aufweist.

Einen besonderen Schwerpunkt der Arbeit bildet die Werkstückaktualisierung. Zunächst werden bestehende Lösungen zur Werkstückaktualisierung analysiert. Als Ergebnis der Untersuchung ergibt sich die Forderung, daß aufgrund des hohen Rechen- und Speicherplatzbedarfs konventioneller Lösungen neue Wege in bezug auf die Modellbildung, Modellierung und Visibilitätsanalyse gesucht werden müssen. Es wird daher ein neues Verfahren zur Werkstückaktualisierung entwickelt und diskutiert. Das Verfahren basiert auf einem analytischen Modell, das einerseits Visibilitätsinformationen enthält, andererseits auch die Flächen eines Körpers auf die Weise abspeichert, daß eine schnelle Eingrenzung des Durchdringungsbereichs möglich ist. Insbesondere die zuletzt genannte Eigenschaft macht es möglich, das Modell auch für eine numerische Kollisionskontrolle einzusetzen. Die Algorithmen hierfür sind Bestandteile des Modellierers. Die im Modell enthaltenen Visibilitätsinformationen gestatten die Erzeugung von schattierten Bildern in Bruchteilen einer Sekunde bei Änderung des Betrachtungspunktes.

Um auch bei zunehmender Werkstückkomplexität eine akzeptable Simulationsgeschwindigkeit beizubehalten, wird ein diskretes Modell entwickelt, das sich bei einer qualitativen Kontrolle des Werkstücks effizient einsetzen läßt. Algorithmen zur Konvertierung des analytischen Modells in das diskrete Modell und umgekehrt werden aufgezeigt, so daß in Abhängigkeit von der Komplexität des Werkstücks optimale Simulationszeiten erzielt werden.

Eine wesentliche Reduzierung der Simulationszeit wird durch die abschnittweise Werkstückaktualisierung erreicht. Voraussetzung hierfür ist die Generierung von Volumenspuren. Wie gezeigt wird, ist bei einer satzweisen Darstellung des Bearbeitungsvorgangs mit den realisierten Algorithmen eine wesentlich niedrigere Simulationszeit gegenüber der realen Bearbeitungszeit zu erzielen.

Um die Bewegungen einer Werkzeugmaschine oder eines Handhabungsgeräts rechnerintern zu erfassen und mit grafischen Hilfsmitteln am Bildschirm darzustellen, werden Bewegungsvorschriften von gesteuerten Achsen in einem realisierten Kinematikmodell abgelegt. Durch die Erfassung der Kinematik von Körpern lassen sich die Steueranweisungen einer numerischen Steuerung, unabhängig vom jeweiligen Bearbeitungsverfahren, interpretieren und in grafische Befehle umsetzen.

Mit mehreren Realisierungen auf unterschiedlichen Rechnersystemen konnte nachgewiesen werden, daß das entwickelte Simulationssystem den aufgestellten Anforderungen in allen Punkten gerecht wurde. Die im Rahmen dieser Arbeit hergeleiteten Algorithmen werden wesentliche Grundlage künftiger Simulationssysteme sein.

<u>Schrifttum</u>

/1/ Faulstich, I. Zeitgemäße Werkzeugmaschinen für die automatisierte Produktion. wt-Z.ind.Fertig.75 (1985) Nr. 11, S. 657...662.

/2/ Spur, G. Technischer Informationsfluß beim Einsatz von EDV. wt-Z.ind.Fertig.73 (1983) Nr. 7, S. 435...445.

/3/ N.N. Sinumerik 850M. Programmieranleitung. Siemens AG. Ausgabe 6.86.

/4/ Zeppelin, v. W. Klauss, W. Fortschritte in der Entwicklung von CNC-Steuerungen für Drehmaschinen. ZwF 79 (1984) Nr. 6, S. 257...267.

/5/ Storr, A. Programmieren von NC-Werkzeugmaschinen wt-Z.ind.Fertig.73 (1983) Nr.1, S. 29...39.

/6/ Frank, H. Programmier- und Überwachungsfunktionen für teileartbezogene NC-Werkzeugmaschinen. ISW 60. Berlin, Heidelberg, New York, Tokio: Springer-Verlag, 1986.

/7/ Pritschow, G. Die flexible Fertigungszelle. Chancen und Herausforderung für den mittelständischen Betrieb. wt-Z.ind.Fertig. 75 (1985) Nr. 11,S. 663...668.

/8/ Ellinger, H. Metzler, U. Wehmeyer, K. CNC-Steuerungen bieten erweiterten Funktionsumfang. Bericht von der 6. EMO 1985 in Hannover. ZwF 80 (1985) Nr. 12, S. 549...553.

/9/ Müller, P. Baeck, B. Schmidt, W. Maschinennahe 3D-Simulation von Bearbeitungsvorgängen. wt-Z.ind.Fertig. 76 (1986) Nr. 10, S. 625...628.

/10/ Potthast, A. Dynamische Simulation des Bearbeitungsvorganges bei numerisch gesteuerten Drehmaschinen. München, Wien: Hanser-Verlag, 1985.

/11/ Anderl, R. Fertigungsplanung durch die Simulation von Arbeitsvorgängen auf der Basis von 3D-Produktmodellen. Fortschrittberichte VDI Nr. 6. Düsseldorf: VDI-Verlag, 1985.

/12/ Keil, P. Meier, R. Steuerungen nach Maß mit SINUMERIK WS 800. Siemens Energie und Automation. Produktinformation 5 (1985) Heft 2.

/13/ Müller, P. Rath, G. Kopplung von Rechnern und Werkzeugmaschinensteuerungen. ZwF 80 (1985) Nr. 11 S. 488...491.

/14/ N.N. IGES - Initial Graphics Exchange Specification. Version 3.0. National Bureau of Standards, USA, 1986

/15/ N.N. VDA/VDMA-Flächenschnittstelle (VDAFS). Version 1.0. Verb. d. Automobilindustrie e.V. (VDA) Frankfurt, 1983.

/16/ Seiler, W. Technische Modellierungs- und Kommunikationsverfahren für das Konzipieren und Gestalten auf der Basis der Modell-Integration. Fortschritt-Berichte der VDI-Z Nr. 49. Düsseldorf: VDI-Verlag, 1985.

/17/ Spur, G.
Krause, L.-F.
CAD-Technik, Lehr- und Arbeitsbuch für die Rechnerunterstützung in Konstruktion und Arbeitsplanung. München, Wien: Hanser-Verlag, 1984.

/18/ Pritschow, G.
Spur, G.
Weck, M.
Entwicklungstendenzen maschinennaher Bearbeitungssimulation. In: Simulations technik in der Fertigung. München, Wien: Hanser-Verlag, 1986.

/19/ Hubbold, R.J.
Computer Graphics and Display. Computer Aided Design (1984) Vol. 16, S.127...133.

/20/ Röhrle, J.
Baars, H.
Modular- und Kompaktbauweise von Steuerungen. wt-Z.ind.Fertig. (1984) Nr. 3 S. 167...170.

/21/ Hohwieler, E.
Potthast, A.
Grafisch dynamische Simulation für die CNC-Doppelschlittendrehbearbeitung. ZwF 80 (1985) Nr. 8, S. 345...348.

/22/ Rahmacher, K.
Heßelmann, J.
Erfahrungen bei der Entwicklung und Andung eines grafischen Prozeß-Simulationssystem. ZwF 78 (1983) Nr. 6, S. 276..279.

/23/ Storr, A.
Donn, R.
Möglichkeiten der Unterstützung des Programmierens von CNC-Werkzeugschleifbearbeitungen. wt-Z.ind.Fertig. 76 (1986) Nr. 25, S. 297... 300.

/24/ Potthast, A.
Hammer, H.
Grafisch dynamische Simulation für die Bohr- und Fräsbearbeitung. ZwF 80 (1985) Nr. 9, S.372...378.

/25/ Wallis, A.F. Woodwark, J.R. Creating large Solid Models for N.C. Toolpath Verification. Proc. CAD-84 (1984).

/26/ N.N. Verfahren zur Erzeugung von Werkstückkonturen. Europäische Patentanmeldung. Anmelder: Dr. J. Heidenhain GmbH, Patentblatt 85/15.

/27/ Meyer, H. Eine neue CNC-Steuerungsgeneration. tz für Metallbearbeitung (1985) Nr. 9, S. 137...139.

/28/ Ruberl, S.T. Numerical Control Part Program Verification by Computer Simulation. CAD/CAM Graphics Users Expo. Proc. CAM-I, 1981.

/29/ Gruhler, G. Geometriedatenverarbeitung für selbsttätig programmierte Bearbeitungsroboter. wt-Z.ind.Fertig (1984) Nr. 6, S. 325... 328.

/30/ Walter, W. Ein Beitrag zur Fräsbahnberechnung und interaktiven NC-Programmierung von Werkstücken mit gekrümmten Flächen. Berlin, Heidelberg, New York, Tokio: Springer-Verlag, 1982.

/31/ Herrscher, A. Weser, A. Kayser, K.-H. Scheifele, D Grafische Simulation von Doppelschlittenbearbeitungen auf Drehmaschinen. wt-Z.ind.Fertig.75 (1985) Nr. 6, S. 363...366.

/32/ Neuhäuser, B. Drei Techniken im Vergleich. Markt und Technik (1982) Nr. 12, S.65...71.

/33/ Röhrle, J.
Möller, H.
Schmidt, W.
Viefhaus, R.
Neue CNC-Funktionen durch zugeschnittenes Grafiksystem. wt-Z.ind.Fertig.75 (1985) Nr. 6, S. 359...362.

/34/ Bubenheim, H.J. Menos - Eine Methode zur Neukonstruktion und Modifizierung technischer Objekte nach dem Baukastenprinzip. KfK-CAD 27. Karlsruhe: Gesellschaft für Kernforschung, 1977.

/35/ Bargele, N. PROREN 2: Eine Grafik-Software zur dreidimensionalen rechnerinternen Darlung von Bauteilgeometrien. Disertation, Ruhr-Univ. Bochum, 1978.

/36/ Boyse, J.W. Preliminary Design for a Geometric Modeller. General Motors Research Lab. GMR-2768, Warren Michigan, 1978.

/37/ Müller, G. Rechnerorientierte Darstellung beliebig geformter Bauteile. München, Wien: Hanser-Verlag, 1980.

/38/ Sutherland, I.E.
Sproull,R.
A Characterization of Ten Hidden Surface Algorithms. Computing Surveys (1974) Vol. 6, S. 1...56.

/39/ Rogers, D.F
Adams, A.
Procedural Elements for Computer Graphics. New York: McGraw Hill, 1985.

/40/ Newman, W.M.
Sproull, R.F.
Principles of Interactive Computer Graphics. New York: McGraw Hill, 1981

/41/ N.N. Konzipieren technischer Produkte. Düsseldorf: VDI-Verlag, 1977.

/42/ Barsky, B.A. A Description and Evaluation of Various 3D-Models. IEEE Computer Graphics and Applications (1984), S. 38...52.

/43/ Straßer, W. Schnelle Kurven- und Flächenerzeugung auf grafischen Sichtgeräten. Dissertation, TU Berlin, 1974

/44/ Grätz, J.F. Modellalgorithmus zur dreidimensionalen Geometriefestlegung komplexer Bauteile mit beliebiger Flächenbegrenzung in der rechnerunterstützen Konstruktion. Dissertation, Ruhr-Univ. Bochum, Heft 83.3, 1983.

/45/ Fritsche, B. Verfahren zur dreidimensionalen Geometrieerfassung und -darstellung bei der rechnerunterstützten Konstruktion von komplexen Bauteilen. Dissertation, Ruhr-Univ. Bochum, Heft 82.3 , 1982.

/46/ Ciyokura, H. Kimura, F. Design of Solids with Free-Form Surfaces Computer Graphics (1983) Vol. 17, S. 289...298.

/47/ Kalay, Y.E. Modelling polyhedral solids bounded by multicurved parametric surfaces. Computer Aided Design (1983) Vol. 15. S.141...146

/48/ Requicha, A.A.G. Voelcker, H.B. Solid Modelling: Current Status and Research Directions. IEEE Computer Graphics and Applications (1983) Vol 3, S. 25...37.

/49/ Eastman, C. Preiss, K. — A Review of Solid Shape Modelling Based on Integrity Verification. Computer Aided Design (1984), Vol 16, S. 66...80.

/50/ Machover, C. — Interactive Computer Graphics. IEEE Computer, Oct. 1984, S. 145...161.

/51/ Schmidt, W. — Lösungen für die grafische Simulation NC-gesteuerter Bearbeitungsvorgänge. In Simulationstechnik in der Fertigung. München, Wien: Hanser-Verlag, 1986.

/52/ Lee, Y. Requicha, A.A.G. — Algorithms for Computing the Volume and Other Integral Properties of Solids. II. A Family of Algorithms Based on Representation Conversion and Cellular Approximation. Communications of the ACM (1982) Vol. 25 S. 642...650.

/53/ Requicha, A.A.G. Voelcker, H.B. — Solid Modelling: A Historical Summary and Contempory Assessment. IEEE Computer Graphics and Applications (1982) Vol. 2, S. 9...24.

/54/ Samet, H. — Bintrees, CSG Trees and Time. Computer Graphics (1985) Vol. 19, S. 121...130.

/55/ Ayala, D. Brunet, P. Juan, R. Navazo, I. — Object Representation by Means of Nonminimal Division Quadtrees and Octrees. ACM Transactions on Graphics (1985) Vol. 4, S. 41...59.

/56/ Doctor, L.J. Torborg, J.G. — Display Techniques for Octree-Encoded Objects. IEEE Computer Graphics and Applications (1981) Vol. 1, S. 29...38.

/57/ DIN 66252 Grafisches Kernsystem (GKS). Berlin: Beuth-Vertrieb, 1983

/58/ Boyse, J. GMSolid: Interactive Modelling for Design Analysis of Solids. IEEE Computer Graphics and Applications (1982) Vol. 2, S. 27...40.

/59/ Roth, S. Ray Casting for Modelling Solids. Computer Graphics and Image Processing (1982) Vol. 18, S. 109...144.

/60/ Atherton, P. A Scan Line Hidden Surface Removal procedure for Constructive Solid Geometry. Computer Graphics (1983) Vol. 17, S. 73...82.

/61/ Warnock,J.E. A Hidden-Surface Algorithm for Computer Generated Half-tone Pictures. Univ. Utah Comput. Sc. Dept., TR 4-15, 1969.

/62/ Baur, W. Schnelle Grafik für hohe Auflösungen. Markt und Technik (1986) Nr. 13. S. 153...155.

/63/ Fuchs, H.; Abram, G.; Grant, E. Near Real-Time Shaded Display of Rigid Obects. Computer Graphics (1983) Vol. 17, S. 65...72.

/64/ Newell, M.E.; Newell, R.G.; Sancha, T.L. A New Approach to the Shaded Picture Problem. Proc. ACM Nat. Conf., 1972,

/65/ Schumaker, R.A.; Brand, B.; Gilliland, M.; Sharp, W. Study for Applying Computer-generated Images to Visual Simulation. U.S. Air Force Human Resources Lab. Tech. Rep. AFHRL-TR-69-14, 1969.

/66/ Wirth, N. Algorithmen und Datenstrukturen. Stuttgart: B.G. Teubner, 1979.

/67/ Fuchs, H.
Kedem, Z.M.
Naylor, B.F. On Visible Surface Generation by a Priori Tree Structures. Computer Graphics (1980) Vol. 14, S. 124...133.

/68/ Pritschow, G.
Viefhaus, R. Mehrachsiges NC-Fräsen für die Blechumformung. wt-Z.ind.Fertig.76 (1986), Nr. 10, S. 619...623

/69/ Tamminen, M.
Karonen, O.
Mäntyli, M. Ray-Casting and Block Model Conversion Using a Spatial Index. Computer Aided Design (1984) Vol 16. S. 203...208.

/70/ Kunii, T.L.
Satoh, T. Generation of Topological Boundary Representations from Octree Encoding. IEEE Computer Graphics and Applications (1985) Vol. 5, S. 29...38.

/71/ Anderson, R.O. Detecting and Eliminating Collisions in NC Machining. Computer Aided Design (1978) Vol. 10, S. 231...237.

/72/ Coons, S.A. Surfaces for Computer Aided Design of Space Forms. MAC-TR-41, Project MAC, MIT, 1967.

/73/ Keppeler, M. Führungsgrößenerzeugung für numerisch bahngesteuerte Industrieroboter. ISW 53. Berlin, Heidelberg, New York, Tokio: Springer-Verlag, 1984.

/74/ N.N. Reference Manual. Envision Modells 220 and 230 Color Graphics Terminals, Nr. 20640-1, California, 1983.

/75/ Foley, J. Van Dam, A. Fundamentals of Interactive Computer Graphics. Massachusetts: Addison-Wesley Publishing Co., 1982.

ISW Forschung und Praxis

Berichte aus dem Institut für Steuerungstechnik der Werkzeugmaschinen und Fertigungseinrichtungen der Universität Stuttgart

Herausgegeben bis Band 57 von Prof. Dr.-Ing. G. Stute †
ab Band 58 Prof. Dr.-Ing. G. Pritschow

1 D. Schmid, Numerische Bahnsteuerung, 89 S., 1972

2 H. Schwegler, Fräsbearbeitung gekrümmter Flächen, 111 S., 1972

3 J. Eisinger, Numerisch gesteuerte Mehrachsenfräsmaschinen, 90 S., 1972

4 R. Nann, Rechnersteuerung von Fertigungseinrichtungen, 125 S., 1972

5 G. Augsten, Zweiachsige Nachformeinrichtungen, 140 S., 1972

6 B. Karl, Die Automatisierung der Fertigungsvorbereitung durch NC-Programmierung, 121 S., 1972

7 H. Eitel, NC-Programmiersystem, 117 S., 1973

8 E. Knorr, Numerische Bahnsteuerung zur Erzeugung von Raumkurven auf rotationssymetrischen Körpern, 131 S., 1973

9 S. Bumiller, Viskohydraulischer Vorschubantrieb, 123 S., 1974

10 K. Maier, Grenzregelung an Werkzeugmaschinen, 139 S., 1974

11 J. Waelkens, NC-Programmierung, 159 S., 1974

12 E. Bauer, Rechnerdirektsteuerung von Fertigungseinrichtungen, 138 S., 1975

13 H. König, Entwurf und Strukturtheorie von Steuerungen für Fertigungseinrichtungen, 206 S., 1976

14 H. Damsohn, Fünfachsiges NC-Fräsen, 143 S., 1976

15 H. Jetter, Programmierbare Steuerungen, 141 S., 1976

16 H. Henning, Fünfachsiges NC-Fräsen gekrümmter Flächen, 179 S., 1976

17 K. Boelke, Analyse und Beurteilung von Lagesteuerungen für numerisch gesteuerte Werkzeugmaschinen, 106 S., 1977

18 F.-R. Götz, Regelsystem mit Modellrückkopplung für variable Streckenverstärkung, 116 S., 1977

19 H. Tränkle, Auswirkungen der Fehler in den Positionen der Maschinenachsen beim fünfachsigen Fräsen, 103 S., 1977

20 P. Stof, Untersuchungen über die Reduzierung dynamischer Bahnabweichungen bei numerisch gesteuerten Werkzeugmaschinen, 118 S., 1978

21 R. Wilhelm, Planung und Auslegung des Materialflusses flexibler Fertigungssysteme, 158 S., 1978

22 N. Kappen, Entwicklung und Einsatz einer direkten digitalen Grenzregelung für eine Fräsmaschine mit CNC, 123 S., 1979

23 H. G. Klug, Integration automatisierter technischer Betriebsbereiche, 124 S., 1978

24 D. Binder, Interpolation in numerischen Bahnsteuerungen, 132 S., 1979

25 O. Klingler, Steuerung spanender Werkzeugmaschinen mit Hilfe von Grenzregeleinrichtungen (ACC), 124 S., 1979

26 L. Schenke, Auslegung einer technologisch-geometrischen Grenzregelung für die Fräsbearbeitung, 113 S., 1979

27 H. Wörn, Numerische Steuersysteme-Aufbau und Schnittstellen eines Mehrprozessorsteuersystems, 141 S., 1979

28 P. B. Osofisan, Verbesserung des Datenflusses beim fünfachsigen NC-Fräsen, 104 S., 1979

29 J. Berner, Verknüpfung fertigungstechnischer NC-Programmiersysteme, 101 S., 1979

30 K.-H. Böbel, Rechnerunterstützte Auslegung von Vorschubantrieben, 113 S., 1979

31 W. Dreher, NC-gerechte Beschreibung von Werkstücken in fertigungstechnisch orientierten Programmiersystemen, 105 S., 1980

32 R. Schurr, Rechnerunterstützte Projektsteuerung hydrostatischer Anlagen, 115 S., 1981

33 W. Sielaff, Fünfachsiges NC-Umfangfräsen verwundener Regelflächen. Beitrag zur Technologie und Teileprogrammierung, 97 S., 1981

34 J. Hesselbach, Digitale Lageregelung an numerisch gesteuerten Fertigungseinrichtungen, 111 S., 1981

35 P. Fischer, Rechnerunterstützte Erstellung von Schaltplänen am Beispiel der automatischen Hydraulikplanzeichnung, 111 S., 1981

36 U. Ackermann, Rechnerunterstützte Auswahl elektrischer Antriebe für spanende Werkzeugmaschinen, 118 S., 1981

37 W. Döttling, Flexible Fertigungssysteme – Steuerung und Überwachung des Fertigungsablaufs, 105 S., 1981

38 J. Firnau, Flexible Fertigungssysteme – Entwicklung und Erprobung eines zentralen Steuersystems, 112 S., 1982

39 A. Herrscher, Flexible Fertigungssysteme – Entwurf und Realisierung prozeßnaher Steuerungsfunktionen, 103 S., 1982

40 U. Spieth, Numerische Steuersysteme – Hardwareaufbau und Ablaufsteuerung eines Mehrprozessorsteuersystems, 115 S., 1982

41 A. Schimmele, Rechnerunterstützter Entwurf von Funktionssteuerungen für Fertigungseinrichtungen, 106 S., 1982

42 M. Sanzenbacher, NC-gerechte Beschreibung von Werkstücken mit gekrümmten Flächen, 105 S., 1982

43 W. Walter, Interaktive NC-Programmierung von Werkstücken mit gekrümmten Flächen, 112 S., 1982

44 J. Huan, Bahnregelung zur Bahnerzeugung an numerisch gesteuerten Werkzeugmaschinen, 95 S., 1982

45 H. Erne, Taktile Sensorführung für Handhabungseinrichtungen – Systematik und Auslegung der Steuerungen, 111 S., 1982

46 D. Plasch, Numerische Steuersysteme – Standardisierte Softwareschnittstellen in Mehrprozessor-Steuersystemen, 112 S., 1983

47 Z. L. Wang, NC-Programmierung – Maschinennaher Einsatz von fertigungstechnisch orientierten Programmiersystemen, 103 S., 1983

48 J. Schwager, Diagnose steuerungsexterner Fehler an Fertigungseinrichtungen, 121 S., 1983

49 P. Klemm, Strukturierung von flexiblen Bediensystemen für numerische Steuerungen, 113 S., 1984

50 W. Runge, Simulation des dynamischen Verhaltens elektrohydraulischer Schaltungen – Einsatz von geräteorientierten, universellen Simulationsbausteinen, 132 S., 1984

51 H. Steinhilber, Planung und Realisierung von Werkzeugversorgungssystemen für die NC-Bearbeitung, 126 S., 1984

52 R. Ohnheiser, Integrierte Erstellung numerischer Steuerdaten für flexible Fertigungssysteme, 115 S., 1984

53 M. Keppeler, Führungsgrößenerzeugung für numerisch bahngesteuerte Industrieroboter, 125 S., 1984

54 P. Kohler, Automatisiertes Messen mit NC-Werkzeugmaschinen, 129 S., 1985

55 K.-H. Rieger, Rechnerunterstützte Projektierung der Hardware und Software von speicherprogrammierten Steuerungen, 123 S., 1985

56 G. Vogt, Digitale Regelung von Asynchronmotoren für numerisch gesteuerte Fertigungseinrichtungen, 126 S., 1985

57 S. Chmielnicki, Flexible Fertigungssysteme – Simulation der Prozesse als Hilfsmittel zur Planung und zum Test von Steuerprogrammen, 120 S., 1985

58 W. Renn, Struktur und Aufbau prozeßnaher Steuergeräte zur Verkettung in flexiblen Fertigungssystemen, 137 S., 1986

59 K. Harig, Quantisierung im Lageregelkreis numerisch gesteuerter Fertigungseinrichtungen, 113 S., 1986

60 H. Frank, Programmier- und Überwachungsfunktionen für teileartbezogene NC-Werkzeugmaschinen, 115 S., 1986

61 H. Möller, Integrierte Überwachungs- und Diagnose-Systeme für numerische Steuerungen, 131 S., 1986

62 H. Fink, Einsatz speicherprogrammierbarer Steuerungen in der Fertigungstechnik, 126 S., 1986

63 J. Fleckenstein, Zustandsgraphen für SPS – Grafikunterstützte Programmierung und steuerungsunabhängige Darstellung, 139 S., 1987

64 E. Wagner, Steuerungen von Koordinatenmeßgeräten mit schaltenden und messenden Tastsystemen, 133 S., 1987

65 W. Grimm, Diagnosesystem für steuerungsperiphere Fehler an Fertigungseinrichtungen, 143 S., 1987

66 W. Swoboda, Digitale Lageregelung für Maschinen mit schwach gedämpften schwingungsfähigen Bewegungsachsen, 141 S., 1987

67 G. Gruhler, Sensorgeführte Programmierung bahngesteuerter Industrieroboter, 119 S., 19

68 B. Walker, Konfigurierbarer Funktionsblock Geometriedatenverarbeitung für numerische Steuerungen, 125 S., 1987

69 J. Mayer, Werkzeugorganisation für flexible Fertigungszellen und -systeme, 126 S., 1988

70 R. Lederer, Programmierung von NC-Drehmaschinen mit mehreren Werkzeugschlitten, 120 S., 1988

71 G. Häberle, NC-Musterprogrammierung für die rechnerintegrierte Textilfertigung, 127 S., 1988

72 D. Pfeiffer, Kompensation thermisch bedingter Bearbeitungsfehler durch prozeßnahe Qualitätsregelung 135 S., 1988

73 W. Schmidt, Grafikunterstütztes Simulationssystem für komplexe Bearbeitungsvorgäng in numerischen Steuerungen, 141 S., 1988

Die Bände ISW 1 bis ISW 53 sind vergriffen.

Die Bände sind im Erscheinungsjahr und in den folgenden drei Kalenderjahren zu beziehen durch den örtlichen Buchhandel oder durch Lange & Springer, Otto-Suhr-Allee 26–28, 1000 Berlin 10.